Research and Practice on
Constructing Typical Network Architecture
for Large Enterprises Based on HCL

基于HCL构建大型企业
典型网络架构研究与实践

未培 庄彦 著

中国科学技术大学出版社

内 容 简 介

本书通过"整体—局部—整体"的研究思路开展企业三层网络架构的设计,较为全面地介绍了 HCL 平台的特点和 Comware V7 命令使用的理论知识及操作方法,特别是针对相应功能目标的具体命令实现方法,具体包含相关概念与理论依据、HCL 仿真基本操作方法、交换机仿真技术、路由器仿真技术、企业典型网络架构仿真实验等内容。

图书在版编目(CIP)数据

基于 HCL 构建大型企业典型网络架构研究与实践/未培,庄彦著. —合肥:中国科学技术大学出版社,2024.5
ISBN 978-7-312-05917-9

Ⅰ. 基…　Ⅱ. ①未… ②庄…　Ⅲ. 大型企业—企业内联网—研究
Ⅳ. TP393.18

中国国家版本馆 CIP 数据核字(2024)第 048961 号

基于 HCL 构建大型企业典型网络架构研究与实践
JIYU HCL GOUJIAN DAXING QIYE DIANXING WANGLUO JIAGOU YANJIU YU SHIJIAN

出版	中国科学技术大学出版社
	安徽省合肥市金寨路 96 号,230026
	http://press.ustc.edu.cn
	https://zgkxjsdxcbs.tmall.com
印刷	安徽国文彩印有限公司
发行	中国科学技术大学出版社
开本	710 mm×1000 mm　1/16
印张	11.5
字数	186 千
版次	2024 年 5 月第 1 版
印次	2024 年 5 月第 1 次印刷
定价	48.00 元

前　言

　　2018年4月,教育部在其印发的《教育信息化2.0行动计划》中明确提出职业院校、高等学校要加强虚拟仿真实训教学环境建设;2022年12月,中共中央办公厅、国务院办公厅发布了《关于深化现代职业教育体系建设改革的意见》,其中强调要建设职业教育虚拟仿真实训基地等重点项目,以扩大优质资源共享并推动教育教学与评价方式变革。由于国家的高度重视,虚拟仿真技术已在高等教育和职业教育中的实训教学、竞赛教学、1+X技能等级证书等场景中有大量的应用,《中华人民共和国国民经济和社会发展第十四个五年规划和2035年远景目标纲要》更是将"虚拟现实"列入数字经济重点产业,予以重点扶持。

　　交换机和路由器配置技能是计算机网络专业核心技能,具有很强的实践性。由于网络设备成本高、更新换代快,很多学校很难一次建设能够满足四五十人同时实训的真实实训环境。同时,由于网络设备反复插拔、读写和重置等操作,易造成设备故障,维修维护困难,而利用虚拟仿真软件不仅能解决前述问题,而且更容易构建复杂的网络环境,利于学生反复的训练,不受实训条件的限制,有助于学生理解并掌握课堂上所学的理论知识,从而提高学生实战技能。

　　华三HCL是新华三集团推出的一款功能强大的图形化网络设备模拟仿真平台,因其具备强大的网络模拟功能、支持多样的认证考试及竞赛,已成为网络技术爱好者首选的学习训练平台之一。

　　典型三层网络架构是大中型企业采用层次化模型设计理念解决复杂网络部署的常用方式。本书基于HCL平台,将该三层架构引入交换机和路由器配置技能中,作为交换机和路由器配置技能训练的终极目标,同时对涉及的相关知识体系进行解剖与重构,既能提高课程教学的趣味性,又能增加实用性,丰富课程教学的内容,提升教学效果。

本书将三层网络架构按照"整体—局部—整体"的思路进行论述,开展教学活动,即首先通过企业典型三层网络架构导入项目,然后按照项目实施的实际步骤,将该项目分解为一个个容易实现的小任务,在小任务的训练中,适时穿插一些阶段性的综合项目巩固与串联前面的小任务,通过这些小任务逐步实现整个项目的部署,最终完成整个典型企业网络部署任务。

本书是作者多年来从事交换与路由技术课程教学与研究的经验总结,得到了安徽省高校优秀人才支持计划重点项目(gxyqZD2020057)、安徽省高校优秀青年骨干教师访问研修项目(gxgnfx2021181)、安徽高校自然科学研究重大项目(KJ2021ZD0174)、安徽高校人文社会科学研究重点项目(SK2021A1082、SK2021A1092)、安徽省高等学校质量工程教师教学创新团队项目(2021jxtd032)的支持,是相关项目的研究成果之一。

本书在撰写过程中得到了安徽工商职业学院、紫光云数科技有限公司的大力支持,特别是紫光云数科技有限公司王成东工程师对全书的配置案例进行了核查,在此一并致以衷心的感谢。由于时间仓促,加之作者水平有限,书中不足之处在所难免,恳请读者批评指正。

未培　庄彦

目　　录

第 1 章 绪 论

1.1 虚拟仿真实训与高等职业教育

虚拟仿真实训是指利用计算机技术和虚拟现实技术,通过创建虚拟环境和场景,模拟真实世界的操作和流程,使学习者能够在虚拟环境中进行实践操作、演练技能、测试想法和研究等活动。目前,虚拟仿真实训被广泛应用于高校专业课程实训教学中。教育部在 2018 年印发的《教育信息化 2.0 行动计划》中明确提出职业院校、高等学校要加强虚拟仿真实训教学环境建设,推进信息技术和智能技术深度融入教育教学全过程。2021 年 3 月,《中华人民共和国国民经济和社会发展第十四个五年规划和 2035 年远景目标纲要》将"虚拟现实"列入数字经济重点产业。

高等职业教育以培养适应生产、建设、管理、服务一线的高素质技术技能型专门人才为根本任务,既有"高"的属性,又有"职"的属性,培养学生的动手实践能力,以适应经济社会发展,这是高等职业教育人才培养重要的出发点和落脚点。

虚拟仿真实训在高等职业教育实训教学、竞赛教学、1+X 技能等级证书等场景中均有大量的应用。中共中央办公厅、国务院办公厅于 2022 年发布的《关于深化现代职业教育体系建设改革的意见》中强调要建设职业教育虚拟仿真实训基地等重点项目,以扩大优质资源共享并推动教育教学与评价方式变革,主要包括国家智慧教育平台的在线仿真资源和各地方院校的虚拟仿真实训基地(中心)两大方面。

当前,针对虚拟仿真实训的研究文献较多,从时间分布上看主要集中在 2014 年以来;研究者结合各专业教学实际探索了多种融合虚拟仿真实训系统的教学模式,主要有:① 成果导向教育(outcome-based education,简称 OBE)三维协同模式。将成果导向理念融入数控加工实训课程,包括"理论讲授—虚拟仿真—实践操作"。② 构思—设计—实现—运作(conceive-design-implement-operate,简称 CDIO)工程教育模式。将工程教育模式"构思—设计—实现—运作"融入本科网络工程实验教学中,培养学生综合设计和问题解决能力。③ 闭环实训教学模式。融合能力本位教育(competency based education,简称 CBE)和 OBE 教学理念,在高职无人机测绘技术专业构建基于工作岗位职责和学习过程的闭环实训教学模式,包括"教学准备—自学—引学—练学—比学—评学—拓学—教学反思"等步骤。其他教学模式,在此不再一一赘述。

1.2　交换机与路由器技术采用虚拟仿真实训的必要性

"交换和路由技术"作为计算机网络专业方向的专业核心课程之一,是学生需要掌握的专业核心技能,具有很强的理论性和实践性。目前,设置计算机网络专业方向的高职院校很多,基于万物互联云计算大数据物联网的快速发展和对相关人才的旺盛需求,计算机及网络专业方向招生火爆。由于网络设备成本高、更新换代快,很多学校很难一次建设能够满足四五十人同时实训的真实实训环境,同时,由于网络设备反复插拔、读写和重置等操作易造成设备故障,维修维护困难,而利用虚拟仿真软件不仅能解决前述问题,而且更容易构建复杂的网络环境,利于学生反复的训练,不受实训条件的限制,有助于学生理解并掌握课堂上所学的理论知识,提高学生实战技能。

当前,主流的交换机与路由器技术虚拟仿真软件主要有思科的 Packet Tracer、华为的 eNSP 模拟器以及华三的 HCL 模拟器等。思科的 Packet Tracer 模拟器是一款功能强大的网络仿真程序,也是学习 CCNA 课程的网络初学者首选的仿真软件。华为的 eNSP 模拟器是一款由华为公司免费提供的可扩展的图形化操作网络仿真平台,可以完美呈现真实设备场景,支持大型网络仿真实训,让广大用户在没有真实设备的情况下实现模拟训练、网络仿真验证。华三的 HCL 模拟器是一款界面图形化的强大的网络仿真模拟软件,学习者可以用它来模拟 H3C 路由器、交换机、防火墙等网络设备及 PC 的全部功能,也可以借助平台,DIY(Do It Yourself)用户自定义设备,灵活组网,快速搭建大型网络并实训验证,是学习、测试 H3C 网络设备的必备工具。

三款模拟器软件各有特色,本书采用华三的 HCL 平台,开展搭建大型企业典型网络三层架构的研究与实践。

1.3 三款虚拟仿真软件的特色介绍

思科的 Packet Tracer 模拟器采用思科操作命令,具有实时与模拟两种时间模式供用户选用,更适合初学者分析、掌握原理。例如,以 Ping 命令为例,工作在实时模式下,PCA 主机发出的 ICMP 数据包,到达目的主机 PCB,一般经过 4 应 4 答的正常响应时间,也就是现实情况;而工作在模拟模式下,当 PCA 主机发出 ICMP 数据包时,数据包的每一跳、每一个动作都可以通过手动控制来查看,更有利于分析数据的动态;同时,思科的 Packet Tracer 模拟器还集成了协议分析功能,在模拟模式下,可以查看数据包通过每一层协议封装的内容。思科的 Packet Tracer 模拟器还提供了自动评分系统,在教学活动中,非常有利于教师的教与学生的学;教师通过预置的设备配置每个采分点,学生可以很方便地进行自我测评。但思科模拟器也有不足之处,例如,无法桥接到真实主机,无法实现与真实主机的通信;协议解析功能与现实情况有一些差异等。

华为的 eNSP 模拟器是一款针对华为设备的网络仿真软件平台,支持对大型网络模拟,便于用户在没有真实设备的情况下模拟演练、学习相关网络操作技术。平台集成了协议分析软件 Wireshark,抓包效果与真实设备完全一致,提供按协议抓取和友好的协议分析注释功能;平台通过集成的 VirtualBox,可以实现与真实主机的桥接,完成仿真系统与真实设备互联实验。华为的 eNSP 模拟器的不足之处是对运行的内存要求较高,文件保存偏大,设备启动相对较慢,因交换机设备的虚接口配置,容易造成初学者的混淆。

华三的 HCL 模拟器是新华三集团推出的一款功能强大的图形化网络设备模拟仿真平台,因其具有强大的网络模拟功能、支持多样的认证考试及竞赛,已成为网络技术爱好者首选的学习训练平台之一。与华为的 eNSP 模拟器一样,华三的 HCL 模拟器集成了 VirtualBox 软件,可以实现与真实主机的桥接,完成仿真系统与真实设备互联实验。关闭平台软件就相当于真实设备断电,若配置未保存,则开机须重新配置;华三的 HCL 模拟器还支持设备自定义功能(DIY),可以根据自己的偏好灵活配置设备的接口类型和数量等。华三的 HCL 模拟器的不足之处是对运行设备的内存要求较高,设备启动相对较慢。

第 2 章　基于 CDIO 理念的企业典型网络架构仿真实验设计思路

2.1　CDIO 理念简介

　　CDIO 工程教育模式是国际工程教育改革的最新成果,是由美国麻省理工学院等四所大学研究、探索、实践、建立起的一种先进的工程教育理念。CDIO 包括了三个核心文件:1 个愿景、1 个大纲和 12 条标准。它的愿景是为学生提供一种强调工程基础的、建立在真实世界的产品和系统的构思—设计—实现—运行(CDIO)过程的背景环境基础上的工程教育。它的大纲首次将工程师必须具备的工程基础知识、个人能力、人际团队能力和整个 CDIO 全过程能力以逐级细化的方式表达出来(3 级、70 条、400 多款),使工程教育改革具有更加明确的方向性、系统性。它的 12 条标准对整个模式的实施和检验进行了系统的、全面的指引,使得工程教育改革具体化、可操作、可测量,并对学生和教师都具有重要指导意义。

　　从 2005 年起,汕头大学最早开始学习研讨 CDIO 工程教育模式并加以实施,已经取得明显的效果。2006 年,汕头大学成为首个中国高校 CDIO 成员。汕头大学的改革目标是通过培养学生系统工程技术能力,尤其是项目的构思、设计、开发和实施能力,以及较强的自学能力、组织沟通能力和协调能力,吸收世界先进的工程教育理念,建立符合国际工程教育共识的课程体系。鉴于我国在职业化和职业道德方面教育的欠缺,汕头大学在 CDIO 改革的同时要强调职业道德的重要性,提出了全新的 EIP-CDIO 培养模式,EIP(Ethics,Integrity,Professionalism)是指讲道德、讲诚信和职业化,EIP-CDIO 就是注重职业道德与诚信、与"构思—设计—实现—运作"进行有机结合、以培养高级工程专业人才为目标的高等工程教育新模式。随着教育部对 CDIO 工程教育模式的重视,拉开了中国工程教育 CDIO 模式的序幕,高等职业院校工程类专业也纷纷开展工程类专业融入 CDIO 理念的改革及尝试。

2.2　大型企业园区网典型架构模型

大型企业园区网络一般较复杂,主要表现在以下三个方面:一是园区地理范围较大,骨干网络需要采用光纤布线保证传输速度;二是计算机数量多,应用多样,一般需要采用分层结构设计,所有应用服务可以采用服务器集群或服务器虚拟化;三是多样的园区环境使得无线网络设计与实施存在复杂性。由于园区地理范围较大,计算机数量多,应用多样等特点,其总体架构一般采用三层架构,图 2.1 为典型的三层架构网络拓扑图。

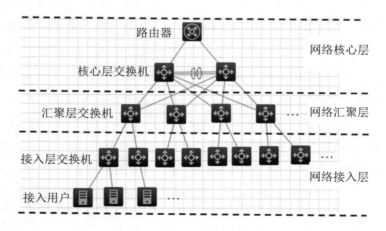

图 2.1　典型网络三层架构

网络核心层是整个园区网络的心脏,承载整个园区网络的外网接入和服务应用功能。核心层交换机一般采用两台高端三层交换机互备,以保证核心层的高性能、高可靠性和容灾性。在汇聚层中,作为整个网络的中间层,起着承上启下的作用,主要功能包括实施策略、安全、虚拟局域网(VLAN)之间的路由以及源和目的地址过滤等重要功能,属于骨干网络部分,一般采用中高端交换机作为汇聚层设备,以减轻核心层设备的负荷。在网络接入层,一般只需要采用二层交换设备即可实现不同楼层计算机的网络接入功能。

图 2.2 为某园区网络三层架构拓扑图,从图中可见,网络核心层非常复杂,不仅服务器虚拟化平台挂接在核心层交换机上,而且还通过挂接城市热点设备实现对无线用户和有线用户的统一上网认证和计费功能。

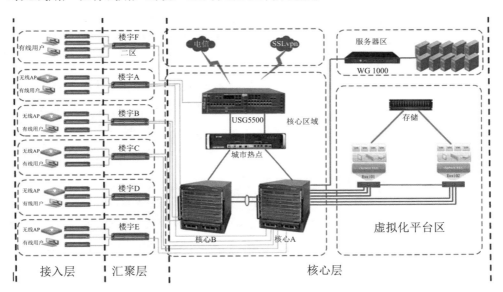

图 2.2　某园区网络三层架构拓扑图

在该实例中,核心层路由器采用万兆级统一安全网关代替,在实现内网高性能安全防护(应用程序控制、WEB 过滤、复杂用户安全策略配置,甚至云级安全防护)的同时,还可提供 VPN、路由等其他互联网安全接入需求。网络的服务器集群或服务器虚拟化平台也挂接在核心层交换机上,为区内用户或区外用户提供应用服务。

2.3 基于 CDIO 工程教育模式的"路由与交换技术"课程教学做一体化改革思路

"路由与交换技术"课程是计算机网络专业的一门专业核心课程,主要培养学生网络构建中网络规划设计,网络设备的产品选型、调试与配置,网络故障诊断与排除等能力。该课程涉及的理论知识晦涩难懂,实操技能对实验环境要求高,可以借助 HCL 虚拟仿真平台,融入 CDIO 工程教育理念,将课程知识体系重构、改革教学思路和教学组织方式,真正嵌入了"构思、设计、实现和运作"的工程教育理念,可以取得很好的教学效果。

在课程的教学过程中,如何将 CDIO 的教育理念融入其中,关键在于真实案例的遴选、解剖与重构和"构思、设计、实现和运作"的巧妙设计。将大中型企业典型三层网络架构作为课程教学案例,并对课程知识体系进行解剖与重构。大中型企业典型三层网络架构(图 2.1)是采用层次化模型设计理念解决复杂网络部署的常用方式。将大中型企业典型三层网络架构作为教学主案例引入教学中,既能提高课程教学的趣味性,又增加了实用性,丰富了课程教学的内容,提升了教学效果。

在大中型企业典型三层网络架构模型中,一般采用双核心的架构,通过链路聚合实现双核心之间的高速互备,再通过与出口路由器的冗余连接,实现网络健壮性的要求。在核心层设计与配置中涉及 VLAN 的配置,静态、动态路由协议与配置,链路聚合,ACL,NAT 等知识技能点,需要对"路由与交换技术"课程原有的知识体系进行重构,以适应项目化教学的需要。

教学内容的组织按照"整体—局部—整体"的思路展开教学,如图 2.3 所示,即首先通过企业典型三层网络架构导入项目,然后按照项目实施的实际步骤,将该项目分解为一个个容易实现的小任务,在小任务的训练中,适时穿插一些阶段性的综合项目巩固与串联前面的小任务,通过这些小任务逐步实现整个项目的部署,完成完整的典型企业网络部署项目。其中所涉及的理论知识按照必需、够用的原则在任务中穿插讲解,不仅让学生知道怎么做,更要让学生知道为什么这么做,掌握技能迁移的能力。

通过"整体—局部—整体"的教学思路和企业典型真实项目的引入,还能够延伸出一些书本很难获取的知识技能点。例如,关于虚拟局域网 VLAN 知识技能点,在传统教学中,注重构建虚拟工作组、增强安全性的作用讲解,也就是业务 VLAN 的作用;而在企业典型三层网络架构中,核心层交换机上不仅要配置业务 VLAN,还要配置互联 VLAN,通过动态路由协议,保证核心层中的三台设备任何一台出现故障,仍然能够确保整个网络的联通。

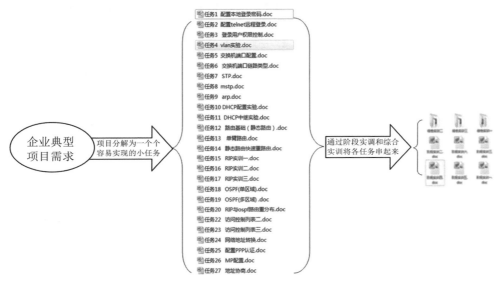

图 2.3　基于 CDIO 理念的课程改革方案

在教学组织中,不仅需要基于“整体”(典型项目或综合项目)的“构思、设计”;在每一个任务中也需要巧妙地嵌入情境导入、方案设计来充分激发学生的积极性、主动性和创新思维。通过小组讨论、分工协作和教师巡回指导的形式,同学之间既相互启发、共同提高,又能培养互帮互助的团队精神,同时,教师指导的效率和效果也将得到进一步提升。教学组织方式如图 2.4 所示。

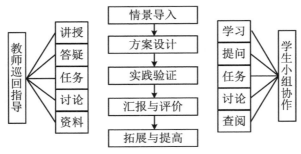

图 2.4　教学组织方式

第3章 HCL 仿真基本操作方法

3.1 HCL 操作界面

　　双击 HCL 桌面快捷方式启动 HCL，HCL 主界面如图 3.1、图 3.2 所示，共有 6 个主要操作区域，如表 3.1 所示。

表 3.1　HCL 主界面描述表

区　域	描　　　　述
快捷操作区	从左至右依次为工程操作、显示控制、设备控制、图形绘制、扩展功能等快捷操作，鼠标悬停在图标上显示图标功能提示
设备选择区	从上到下依次为用户自定义设备(DIY)、路由器、交换机、防火墙、终端和连线
工作台	用来搭建拓扑网络的工作区，可以进行添加设备、删除设备、连线、删除连线等可视化操作，并显示搭建出来的图形化拓扑网络
抓包列表区	该区域汇总了已设置抓包的接口列表。通过右键菜单可以进行停止抓包、查看抓取报文等操作
拓扑汇总区	该区域汇总了拓扑中的所有设备和连线。通过右键菜单可以对拓扑进行简单的操作
版本声明区	显示软件版权和版本信息

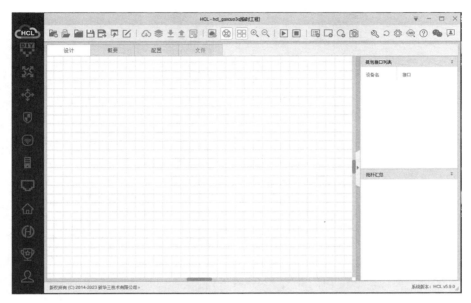

图 3.1　HCL 主界面

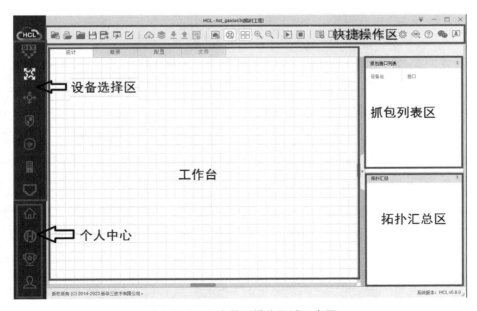

图 3.2　HCL 主界面操作区域示意图

3.2　快　速　操　作

3.2.1　新建工程

双击 HCL 快捷方式启动 HCL 后,点击"新建工程"按钮(图 3.3),弹出新建工程窗口,进行新工程创建。输入"工程名称""工程标识",选择"本地路径""工程状态",输入"工程标签""工程简介",点击"确定"按钮即可创建工程。

图 3.3　"新建工程"按钮

"工程名称"不再是工程中.net 文件的名称,而是将作为该工程在 HCL Hub 中我的工程列表中的工程标题展示。"工程标识"将作为该工程在 HCL Hub 中保存、分享或克隆的唯一标识,不可重复,仅支持英文、数字、下划线和减号。"本地路径"即工程本地存放路径,在输入"工程标识"时会自动填充,如有目录冲突可自行选择其他目录。"工程状态"将作为该工程在 HCL Hub 中对其他用户的可见范围,选择"公开"即对所有用户可见,选择"私有"仅对自己可见。"工程标签"可任意填写对本工程设定的标签,可以是分类或是技术名称等,一定要设定有意义的标签,避免无意义的标签。"工程简介"将作为该工程在 HCL Hub 工程列表中显示的简介,可说明工程实现的组网方案以及对组网方案的介绍,以简明扼要为宜。如图 3.4 所示。

3.2.2　添加设备

在工作台添加设备,可以在设备选择区点击相应的设备类型按钮(DIY、交换

图 3.4　"新建工程"弹窗

机、路由器、防火墙），将弹出可选设备类型列表，单击设备类型图标，并拖拽到工作
台，松开鼠标后，完成单台设备的添加；也可以单击设备类型图标，松开鼠标，进入
设备连续添加模式，光标变成设备类型图标，在此模式下，鼠标左键单击工作台任
意区域，每单击一次，则添加一台设备（由于添加设备需要时间，在前一次添加未完
成的过程中的点击操作将被忽略）；鼠标右键单击工作台任意位置或按 ESC 键，退
出设备连续添加模式。

3.2.3　操作设备

右键单击工作台中的设备，弹出操作项菜单，根据需要点击菜单项对当前设备
进行操作。当设备处于停止状态时，点击"启动"选项启动设备，设备图标中的图案
变成绿色，设备切换到运行状态；当设备处于运行状态时，点击"停止"选项停止设
备，设备图标中的图案变成白色，设备切换到停止状态。如图 3.5 所示。

通过点击"连线"菜单项，鼠标形状变成"十"字，进入连线状态，此状态下点击
一台设备，在弹窗中选择链路源接口，再点击另一台设备，在弹窗中选择目的接口，
完成连接操作。右键单击退出连线状态。

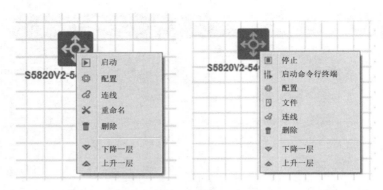

图 3.5   设备停止状态的右键菜单和运行状态的右键菜单

点击"启动命令行终端"选项启动命令行终端,弹出与设备同名的命令行输入窗口;点击"删除"选项,可删除该设备。

3.2.4   保存工程

工程创建完成,点击快捷操作区"保存工程"图标,如果是临时工程,弹出保存工程对话框。在保存对话框中输入工程名称和工程路径,将工程保存到指定位置。仅当工程为临时工程时,弹出"另存工程为"窗口,增加了"工程标识"项,窗口中需填写项与前述新建窗口中对应项要求一致。

3.2.5   关闭软件

点击主界面"关闭"图标,可关闭 HCL 软件。

3.2.6   打开工程

点击"打开工程"按钮可选择本地工程进行打开。

3.2.7　打开工程目录

点击快捷操作区中的"打开工程"图标,即可打开当前工程所在目录。

3.2.8　导出工程

点击"导出工程"按钮可导出当前工程。

3.3　系统操作及文件操作

3.3.1　进入系统视图

登录界面后,配置界面处于用户视图下,此时执行 system-view 命令进入系统视图。

〈H3C〉system-view

System View: return to User View with Ctrl+Z.

［H3C］

此时提示符变为"［xxx］"形式,说明用户已经处于系统视图。

在系统视图下,执行 quit 命令可以从系统视图切换到用户视图。

［H3C］quit

〈H3C〉

3.3.2 学习使用帮助特性和补全键

H3C Comware 平台支持对命令行的输入帮助和智能补全功能。

(1) 输入帮助:获取帮助可以通过键入〈?〉获得,如:

[H3C]hos?

    Hostname

如下也可以:

[H3C]hostname?

    TEXT   Host name (1 to 64 characters)

(2) 智能补全功能:在输入命令时,可以不输入一条命令的全部字符,仅输入前几个字符后,通过键入〈Tab〉键,自动补全该命令。如果有多个命令都具有相同的前缀字符的时候,连续键入〈Tab〉,系统会在这几个命令之间切换。

[H3C]host

键入〈Tab〉,系统自动补全该命令。

[H3C]hostname

[H3C]in

键入〈Tab〉,系统自动补全 in 开头的第一个命令。

[H3C]info-center

再键入〈Tab〉,系统在以 in 为前缀的命令中切换。

[H3C]interface

3.3.3 更改系统名称

使用 hostname 命令均可以更改系统名称。

[H3C]sysname swa

[swa]

可见此时显示的系统名已经由初始的 H3C 变为 swa。

3.3.4　更改系统时间

〈swa〉display clock　　　//显示当前时间

02:05:19 UTC Thu 07/05/2014

〈swa〉sys

[swa]clock protocol?

　　none　　Manually set the system time at the CLI

　　ntp　　Use the Network Time Protocol (NTP)

　　ptp　　Use the Precision Time Protocol (PTP)

[swa]clock protocol none　　//修改时钟为手动设置

[swa]exit

〈swa〉clock datetime 10:08:10 03/05/2015

〈swa〉dis clo

10:08:17 UTC Thu 03/05/2015　　　//时间已经修改

3.3.5　显示系统配置信息

display current-configuration 命令显示系统当前运行的配置信息。

display saved-configuration 命令显示保存的配置信息。

当前的配置信息保存可用 save 命令,如下:

〈swa〉save

The current configuration will be written to the device. Are you sure? [Y/N]:y

Please input the file name(* . cfg)[flash:/startup. cfg]

(To leave the existing filename unchanged, press the enter key):

Validating file. Please wait...

Saved the current configuration to mainboard device successfully.

3.3.6　删除和清空配置

当需要删除某条命令时,可以使用 undo 命令进行逐条删除。例如,删除 host-name 命令后,设备名称恢复成 H3C 。

[swa]undo hostname

[H3C]

恢复到出厂默认配置,可以在用户视图下执行 reset saved-configuration 命令,用于清空保存配置(只是清除保存配置,当前配置还是存在的),再执行 reboot 重启整机后,配置恢复到出厂默认配置。

3.3.7　目录操作

⟨H3C⟩pwd　　 *//显示当前目录*

flash：

⟨H3C⟩dir　　 *//显示当前目录下的目录结构*

Directory of flash：

```
0 -rw-        6042 Mar 05 2015 10：43：33   aaa. cfg
1 -rw-      101800 Mar 05 2015 10：43：33   aaa. mdb
2 drw-           - Mar 05 2014 01：21：42   diagfile
3 -rw-        1554 Mar 05 2015 10：43：33   ifindex. dat
4 -rw-       21632 Mar 05 2014 01：21：42   licbackup
5 drw-           - Mar 05 2014 01：21：42   license
6 -rw-       21632 Mar 05 2014 01：21：42   licnormal
7 drw-           - Mar 05 2014 01：21：42   logfile
8 -rw-  0 Mar 05 2014 01：21：42   s5820v2_5830v2-cmw710-boot-
                                  a5901. bin
9 -rw-  0 Mar 05 2014 01：21：42   s5820v2 _ 5830v2-cmw710-system-
                                  a5901. bin
```

```
  10 drw-              - Mar 05 2014 01:21:42   seclog
  11 -rw-          6042 Mar 05 2015 10:37:44   startup. cfg
  12 -rw-        101800 Mar 05 2015 10:37:44   startup. mdb
1046512 KB total (1046212 KB free)
〈H3C〉delete aaa. cfg      //删除文件,但并没有彻底删除,而是放到了回收站里
Delete flash:/aaa. cfg? [Y/N]:y
Deleting file flash:/aaa. cfg... Done.
〈H3C〉reset recycle-bin         //清空回收站,彻底删除文件
Clear flash:/aaa. cfg? [Y/N]:y
Clearing file flash:/aaa. cfg... Done.
〈H3C〉cd logfile/           //更改当前目录
〈H3C〉pwd
flash:/logfile
〈H3C〉dir
Directory of flash:/logfile
The directory is empty.
1046512 KB total (1046204 KB free)
〈H3C〉cd ..              //返回
〈H3C〉pwd
flash:
〈H3C〉
```

3.3.8 显示文本文件内容

```
〈H3C〉more startup. cfg        //more 命令显示 startup. cfg 文件内容
#
version 7. 1. 059,Alpha 7159
#
sysname H3C
#
……   //因内容较多,下面做了省略处理
```

第4章　交换机仿真技术

4.1　配置 Console 口验证功能

本实验主要练习如何提高 Console 口本地管理的安全性,防止外来人员的恶意接入和非法操作。

＊注意:HCL 模拟器中的 PC 并不支持 Console 连接功能模拟,后续命令操作直接以模拟器自带命令行演示(图 4.1)。

4.1.1　配置步骤

(1) 配置 Console 口登录时需输入指定密码才能登录交换机操作系统。

〈H3C〉system-view　　　//进入系统视图

System View:return to User View with Ctrl+Z.

[H3C]user-interfacecon 0　　//con 连接视图设置,部分设备采用 aux 视图

[H3C-line-con0]authentication-mode?

　　none　　Login without authentication

　　password　Password authentication

S5820V2-54QS-GE_2   PC_1

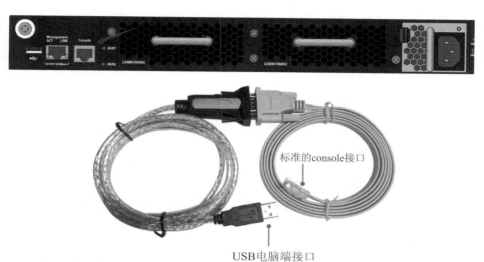

标准的console接口

USB电脑端接口

图 4.1　拓扑图及真实设备连接图示

scheme　　　Authentication use AAA

［H3C-line-con0］authentication-mode password　　//设置身份验证模式为密码验证

［H3C-line-con0］set authentication password simple 123456　　//设置验证密码为 123456

＊注意：密码验证方式下 Console 口默认为管理员权限。

［H3C-line-con0］exit

［H3C］exit

〈H3C〉exit

＊ ＊

＊ Copyright (c) 2004-2014 Hangzhou H3C Tech. Co. , Ltd. All rights reserved. ＊

＊ Without the owner′s prior written consent，　　　　　　　　　　　　　＊

＊ no decompiling or reverse-engineering shall be allowed.　　　　　　　　＊

＊ ＊

Line con0 is available.

Press ENTER to get started.

Password：   //密码验证已经生效,输入密码后回车并验证成功(密码输入时不显示)

〈H3C〉

(2) 配置 Console 口登录时需输入指定用户名和密码才能登录交换机操作系统。

〈H3C〉system-view

System View：return to User View with Ctrl＋Z.

[H3C]user-interfacecon 0

[H3C-line-con0]authentication-mode ?

  none   Login without authentication

  password Password authentication

  scheme   Authentication use AAA

[H3C-line-con0]authentication-mode scheme   //设置身份认证模式为 scheme

[H3C-line-con0]exit

[H3C]local-user huasan   //新建用户名为 huasan

New local user added.

[H3C-luser-manage-huasan]service-type?   //指定该用户的类型(使用场合)

  ftp   FTP service

  http   HTTP service type

  https   HTTPS service type

  pad   X. 25 PAD service

  ssh   Secure Shell service

  telnet   Telnet service

  terminal Terminal access service

[H3C-luser-manage-huasan]service-type terminal   //赋予该用户具有 console 登录功能

[H3C-luser-manage-huasan]authorization-attribute user-role?

//设置用户 huasan 的角色(权限),如未设置此项则默认为 network-operator

//可以通过 display role 查看各角色的权限

  STRING〈1-63〉   User role name

network-admin

network-operator

level-0

level-1

level-2

level-3

level-4

level-5

level-6

level-7

level-8

level-9

level-10

level-11

level-12

level-13

level-14

level-15

security-audit

［H3C-luser-manage-huasan］authorization-attribute user-role network-admin
//赋予该用户具有管理员操作权限

［H3C-luser-manage-huasan］password simple huasan　　*//指定该用户密码为 huasan*

［H3C-luser-manage-huasan］exit

［H3C］exit

〈H3C〉exit

Line con0 is available.

Press ENTER to get started.

Login：huasan

Password： *//用户名＋密码验证已经生效，输入密码后回车并验证成功（密码输入时不显示）*

〈H3C〉

4.1.2　思考

如果 Console 接口验证密码被不慎遗忘导致无法登录，该如何破解？

4.2　Telnet 远程管理配置

本仿真实验主要练习如何实现通过 IP 网络远程登录网络设备进行配置管理（图 4.2）。

GE_0/1

S5820V2-54QS-GE_2

Host_1

NIC:Microsoft Loopback Adapter

图 4.2　拓扑图

4.2.1　配置宿主机的虚拟网卡

首先，为宿主机添加用于测试的虚拟网卡，以 Windows7 操作系统为例：

* HCL 自带的虚拟主机也支持 Telnet 客户端功能，如使用虚拟主机则不需要执行（1～6）操作步骤。

（1）在"设备管理器"中选择操作菜单中的"添加过时硬件"，在下一步中选择"安装我手动从列表选择的硬件（高级）"选项（图 4.3）。

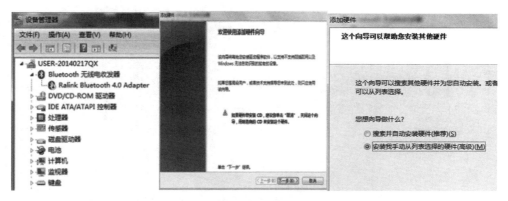

图 4.3　在"设备管理器"中选择"添加过时硬件"

（2）在图 4.4 中选择网络适配器选项，再进行下一步。

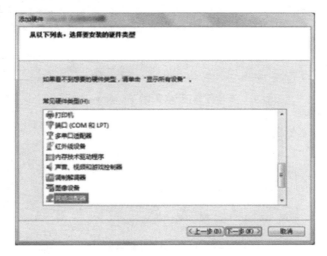

图 4.4　选择网络适配器

（3）在选择网络适配器中，厂商选择"Microsoft"，网络适配器选择"Microsoft Loopback Adapter"，再进行下一步直到完成即可。

（4）完成后，在设备管理器或网络适配器中均可以看到 loopback 网卡（图 4.5）。

其次，在 Windows7 操作系统上开启 Telnet 并配置客户端 IP 地址参数。

图 4.5　查看 loopback 网卡

（5）在控制面板的程序中选择"打开或关闭 Windows 功能"（图 4.6）。

图 4.6　单击"打开或关闭 Windows 功能"

（6）将"Telnet 客户端"打上"√"，选择确定即可（图 4.7）。

图 4.7　选中"Telnet 客户端"

（7）按照如上拓扑图创建并连接设备，给 loopback 网卡配置 IP 地址及默认网关（图 4.8）。

图 4.8　配置 loopback 网卡地址

4.2.2　配置交换机 Telnet 服务器端功能并验证

（1）交换机配置管理地址。

〈H3C〉system-view

［H3C］interface Vlan-interface 1　　　//进入 vlan 1接口视图

［H3C-Vlan-interface1］ip address 192.168.1.1 24

［H3C-Vlan-interface1］exit

［H3C］display vlan 1　　　//查看 vlan 1 的配置信息

VLAN ID：1

VLAN type：Static

Route interface：Configured

IPv4 address：192.168.1.1

IPv4 subnet mask：255.255.255.0

Description：VLAN 0001

Name：VLAN 0001

Tagged ports： None

Untagged ports：

    FortyGigE1/0/53   FortyGigE1/0/54

    GigabitEthernet1/0/1   GigabitEthernet1/0/2

    GigabitEthernet1/0/3   …

（2）配置 Telnet 远程登录基于密码验证。

〈H3C〉system-view

［H3C］telnet server enable   *//开启交换机的 Telnet 服务器功能*

［H3C］line?   *//H3C v7 平台操作系统中 line 与 user-interface 命令作用相同，旨在兼容友商命令风格*

    INTEGER〈0-137〉   Number of the first line

    aux   AUX line

    class   Specify the line class to modify the default configuration

    tty   Async serial line

    vty   Virtual type terminal（VTY）line

［H3C］user-interface vty 0 63

［H3C-line-vty0-63］authentication-mode?

    none   Login without authentication

    password   Password authentication

    scheme   Authentication use AAA

［H3C-line-vty0-63］authentication-mode password   *//设置身份认证模式为密码验证*

［H3C-line-vty0-63］set authentication password simple 123   *//设置验证密码为 123*

［H3C-line-vty0-63］user-role network-admin   *//设置操作权限为管理员*

［H3C-line-vty0-63］exit

［H3C］

（3）密码验证。

在宿主计算机中运行 cmd. exe，测试联通性并 Telnet 连接模拟器中的交换机（图 4.9、图 4.10）。

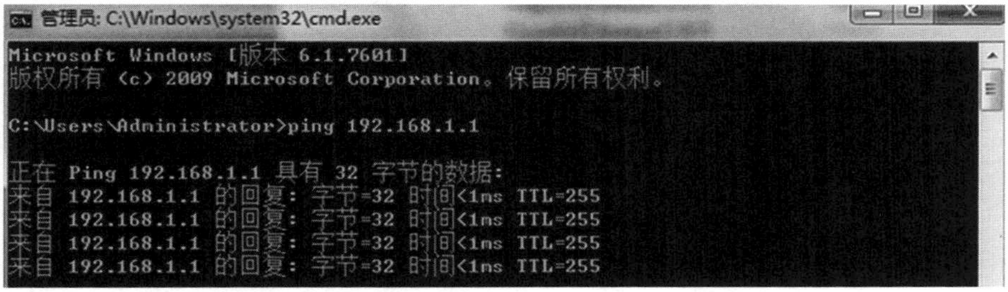

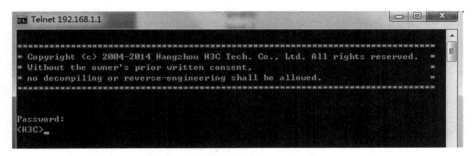

图 4.9 运行 cmd. exe

图 4.10 telnet 连接模拟器中的交换机

（4）配置 Telnet 远程登录基于用户名＋密码验证。

〈H3C〉system-view

［H3C］line vty 0 63

［H3C-line-vty0-63］authentication-mode?

   none   Login without authentication

   password Password authentication

   scheme   Authentication use AAA

［H3C-line-vty0-63］authentication-mode scheme   *//修改身份认证模式为 scheme*

［H3C-line-vty0-63］exit

［H3C］local-user huasan   *//创建本地用户 huasan*

New local user added.

［H3C-luser-manage-huasan］password simple huasan   *//设置该账户密码为 huasan*

［H3C-luser-manage-huasan］service-type?   *//设置账户类型*

   ftp   FTP service

   http   HTTP service type

   https   HTTPS service type

```
pad          X. 25 PAD service
ssh          Secure Shell service
telnet       Telnet service
terminal     Terminal access service
```

［H3C-luser-manage-huasan］service-type telnet terminal   //赋予该账户
Telnet 登录功能,可一次设置多项登录功能

［H3C-luser-manage-huasan］authorization-attribute user-role network-admin

//*赋予该账户角色为 network-admin 管理员权限*

［H3C-luser-manage-huasan］exit

［H3C］save   //*保存当前配置信息*

The current configuration will be written to the device. Are you sure? ［Y/N］:y

Please input the file name(＊ . cfg)［flash:/startup. cfg］

(To leave the existing filename unchanged，press the enter key)：回车

Validating file. Please wait...

Saved the current configuration to mainboard device successfully.

(5) 用户名＋密码验证。

如图 4.11 所示。

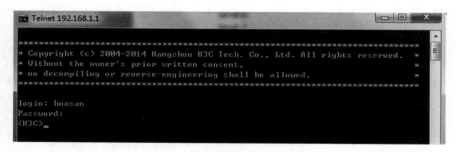

图 4.11   用户名＋密码验证

4.2.3 思考

如何实现初次登录操作权限级别为 level-1,再根据使用需要灵活提升权限为 level-15?

4.3　登录用户权限控制

本仿真实验主要练习如何精细化控制登录设备的用户权限,以及如何配置自定义权限功能(图 4.12)。

GE_0/1

S5820V2-54QS-GE_2

Host_1

NIC:Microsoft Loopback Adapter

图 4.12　拓扑图

4.3.1　配置 Telnet 登录

按照实验要求,设置 Telnet 登录:

(1) 配置交换机管理地址、loopback 网卡地址。

(2) 开启交换机 Telnet 服务功能,设置 Telnet 登录模式为 scheme。

(3) 创建本地账户 huasan、密码为 huasan,账户角色为 network-admin,设置账户登录类型为 Telnet。

创建角色 roleaaa,使其具备如下权限,并创建账户 aaa,赋予角色 roleaaa,测试其权限:

① 允许执行所有以 display 开头的命令。

② 允许执行创建 VLAN 以及进入 VLAN 视图后的相关命令,并只具有操作 VLAN 1、VLAN 10~VLAN 20 的权限。

③ 允许执行进入接口视图后的相关命令,并只具有操作接口 GigabitEthernet1/0/10~GigabitEthernet1/0/20 的权限。

4.3.2　创建角色 roleaaa

〈H3C〉system-view

[H3C]role name roleaaa　　　　　*//创建角色 roleaaa*

[H3C-role-roleaaa]rule 1 ?　　　　　*//为角色制定拒绝或允许的权限规则*

　　deny　　Deny access to the matched commands

　　permit　Permit access to the matched commands

[H3C-role-roleaaa]rule 1 permit ?　　　*//为角色的允许权限指定权限类型*

　　command　Specify a command matching string

　　execute　　Specify the execute（X）type commands

　　read　　　Specify the read（R）type commands

　　write　　Specify the write（W）type commands

[H3C-role-roleaaa]rule 1 permit command ?

　　TEXT〈1-128〉　Command matching string. It may comprise multiple segments separated by semicolons. Each segment represents one or more commands and can contain multiple wildcards（*）. The commands of the next segment，if any，must be subcommands of the previous segment.

　　[H3C-role-roleaaa]rule 1 permit command display *　*//允许执行所有 display 开头的命令*

　　[H3C-role-roleaaa]rule 2 permit command system-view；vlan *　*//允许执行创建 VLAN 以及进入 VLAN 视图后的相关命令*

　　[H3C-role-roleaaa]rule 3 permit command system-view；interface *　*//允许用户进入接口视图后的相关命令*

　　[H3C-role-roleaaa]vlan policy deny　*//为角色配置 VLAN 资源控制策略*

　　[H3C-role-roleaaa-vlanpolicy]permit vlan 10 to 20 *//允许操作 VLAN 10~VLAN 20 的权限*

　　[H3C-role-roleaaa-vlanpolicy]permit vlan 1　*//配置用户具有操作 VLAN 1 的权限*

［H3C-role-roleaaa-vlanpolicy］quit

［H3C-role-roleaaa］interface policy deny　*//为角色配置接口资源控制策略*

［H3C-role-roleaaa-ifpolicy］permit interface GigabitEthernet 1/0/10 to Giga-bitEthernet 1/0/20　*//配置具有操作接口 G1/0/10～G1/0/20 的权限*

［H3C-role-roleaaa-ifpolicy］quit

［H3C-role-roleaaa］quit

4.3.3　创建用户 aaa,并赋予 roleaaa 角色

［H3C］local-user aaa　*//创建用户 aaa*

［H3C-luser-manage-aaa］service-type telnet　*//设置用户类型*

［H3C-luser-manage-aaa］password simple aaa　*//设置密码*

［H3C-luser-manage-aaa］authorization-attribute user-role roleaaa　*//赋予自定义角色*

［H3C-luser-manage-aaa］undo authorization-attribute user-role network-operator *//删除用户默认具备的角色*

［H3C-luser-manage-aaa］quit

4.3.4　测试(在 Telnet 登录时使用 aaa 账户测试)

〈H3C〉dis clock *//aaa 用户可以执行所有读特性的命令*

12:37:08 UTC Wed 03/18/2015

〈H3C〉system-view

System View: return to User View with Ctrl+Z.

［H3C］vlan 2　*//拒绝创建 vlan 2*

Permission denied.

［H3C］vlan 10　*//可以创建 vlan 10 ～vlan 20*

［H3C-vlan10］port GigabitEthernet 1/0/10 to GigabitEthernet 1/0/15 *//可以添加端口 GigabitEthernet 1/0/10 to GigabitEthernet 1/0/20*

［H3C-vlan10］port GigabitEthernet 1/0/2　　//拒绝添加上面以外的端口

Permission denied.

［H3C-vlan10］quit

4.3.5　思考

修改 roleaaa 角色的权限如下：

［H3C］role name roleaaa

［H3C-role-roleaaa］undo rule 1

［H3C-role-roleaaa］vlan policy deny

［H3C-role-roleaaa-vlan policy］undo permit vlan 1

［H3C-role-roleaaa-vlan policy］quit

［H3C-role-roleaaa］quit

［H3C］

再次使用 aaa 账户登录,请问:

(1) 还能使用 display 命令吗?

(2) 现有 vlan 10 包括端口 10～端口 15,vlan 20 包括端口 16,其他端口均属于 vlan 1,能否将端口 17 分配给 vlan 20? 能否将端口 15 分配给 vlan 20? 为什么?

(3) 如何进行设置,使用户在不退出当前登录、不断开当前连接的前提下,改变角色,获取更多权限?

［H3C-role-roleaaa］rule 4 permit command super ＊

［H3C］super ?

　authentication-mode　Specify the authentication mode for user role switching

　default　　　　　　Default target user role

　password　　　　　Set the password used to switch to a user role

［H3C］super authentication-mode ?

　local　Local password authentication

　scheme　AAA authentication

［H3C］super authentication-mode local

［H3C］super password ?

　　hash　　　Specify a hashtext password

　　role　　　Specify the user role

　　simple　　Specify a plaintext password

　　〈cr〉

［H3C］super password role network-admin ?

　　hash　　　Specify a hashtext password

　　simple　　Specify a plaintext password

　　〈cr〉

［H3C］super password role network-admin simple 123456

4.4　VLAN 基础配置

　　本仿真实验主要练习如何通过 VLAN 隔离二层物理网络,以及如何实现跨交换机的二层通信(图 4.13)。

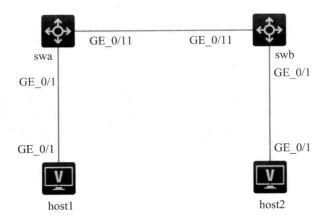

图 4.13　拓扑结构图

4.4.1　配置步骤

启动设备后,如图 4.14 和图 4.15 所示,分别配置 host1 主机和 host2 主机的地址。

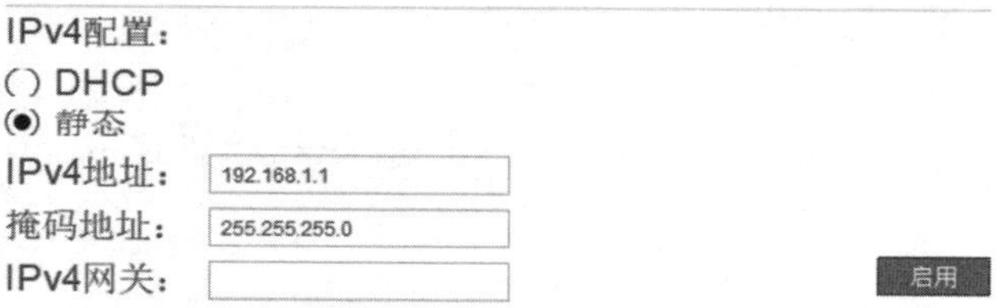

IPv4配置:
○ DHCP
◉ 静态
IPv4地址: 　192.168.1.1
掩码地址: 　255.255.255.0
IPv4网关: 　　　　　　　　　　　　　启用

图 4.14　配置 host1 主机的地址信息

IPv4配置:
○ DHCP
◉ 静态
IPv4地址: 　192.168.1.2
掩码地址: 　255.255.255.0
IPv4网关: 　　　　　　　　　　　　　启用

图 4.15　配置 host2 主机的地址信息

在没有划分 VLAN 的情况下,测试 host1 主机和 host2 主机的联通性,因 H3C 交换机出厂所有接口均属于 VLAN 1,故两台 PC 主机可以通信,如图 4.16 所示。

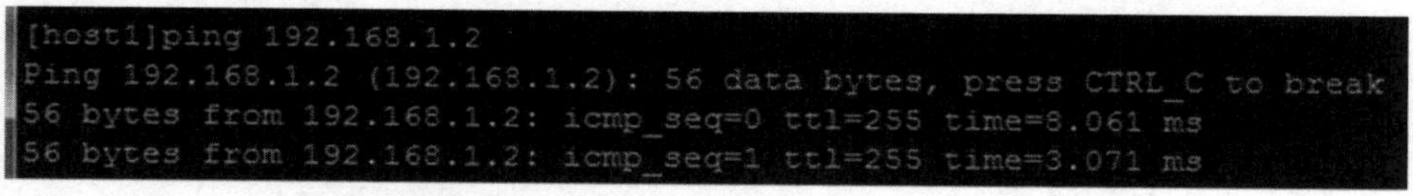

```
[host1]ping 192.168.1.2
Ping 192.168.1.2 (192.168.1.2): 56 data bytes, press CTRL_C to break
56 bytes from 192.168.1.2: icmp_seq=0 ttl=255 time=8.061 ms
56 bytes from 192.168.1.2: icmp_seq=1 ttl=255 time=3.071 ms
```

图 4.16　host1 主机可以 ping 通 host2 主机

4.4.2　划分 VLAN

在交换机 swa 与 swb 中分别创建 vlan 10 和 vlan 20,并分配相应的端口。
〈H3C〉sys
System View: return to User View with Ctrl+Z.

[H3C]hostname swa

[swa]vlan 10   *//创建 vlan 10*

[swa-vlan 10]port ?

  FortyGigE   FortyGigE interface

  GigabitEthernet   GigabitEthernet interface

  Ten-GigabitEthernet   Ten-GigabitEthernet interface

[swa-vlan 10]port GigabitEthernet 1/0/1 ?

  FortyGigE   FortyGigE interface

  GigabitEthernet   GigabitEthernet interface

  Ten-GigabitEthernet   Ten-GigabitEthernet interface

  to   Range of interfaces

  ⟨cr⟩

[swa-vlan 10]port GigabitEthernet 1/0/1 to GigabitEthernet 1/0/5

//给 vlan 10 划分端口，使用 to 参数一次分配 5 个连续端口

[swa-vlan 10]vlan 20   *//创建 vlan 20*

[swa-vlan 20]port g1/0/6 to g1/0/10   *//分配 5 个端口*

[swa-vlan 20]exit

[swa]

⟨H3C⟩sys

System View：return to User View with Ctrl+Z.

[H3C]sysname swb

[swb]vlan 10   *//创建 vlan 10*

[swb-vlan 10]port g1/0/1 to g1/0/5   *//分配 5 个端口*

[swb-vlan 10]vlan 20   *//创建 vlan 20*

[swb-vlan 20]port g 1/0/6 to g1/0/10   *//分配 5 个端口*

[swb-vlan 20]exit

[swb]

划分 vlan 后，再次测试两台主机的联通性，发现两台 host 主机不通了，原因是两台交换机的互联接口（GE_0/11 端口）不允许 vlan 10 数据通过。

4.4.3 将 swa 和 swb 的 GE_0/11 端口更改为 trunk 模式

〈swa〉system-view

System View: return to User View with Ctrl+Z.

[swa]int g1/0/11

[swa-GigabitEthernet1/0/11]port link-type ?

  access   Set the link type to access

  hybrid   Set the link type to hybrid

  trunk   Set the link type to trunk

[swa-GigabitEthernet1/0/11]port link-type trunk   *//设置端口为 trunk 模式*

[swa-GigabitEthernet1/0/11]port trunk ?

  permit   Assign the port to VLANs

  pvid   Specify the port PVID

[swa-GigabitEthernet1/0/11]port trunk permit ?

  vlan   Specify permitted VLANs

[swa-GigabitEthernet1/0/11]port trunk permit vlan ?

  INTEGER〈1-4094〉   VLAN ID

  all   All VLANs

[swa-GigabitEthernet1/0/11]port trunk permit vlan all *//设置端口允许所有 vlan 帧通过*

[swa-GigabitEthernet1/0/11]exit

[swa]

〈swb〉sys

System View: return to User View with Ctrl+Z.

[swb]int g1/0/11

[swb-GigabitEthernet1/0/11]port link-type trunk   *//设置端口为 trunk 模式*

[swb-GigabitEthernet1/0/11]port trunk permit vlan all *//设置允许通过的 vlan*

[swb-GigabitEthernet1/0/11]exit

［swb］

将交换机 swa 和 swb 的 GE_0/11 端口更改为 trunk 模式后，再次测试两台主机的联通性，可以 ping 通了，说明打有 vlan 10 标签的数据已经可以通过 GE_0/11 端口了。

4.4.4　思考题

请问将 host2 的 GE_0/1 与 swb 的 GE_0/6 连接，测试联通性能否正常？分析原因。

4.5　交换机端口配置

本仿真实验的主要目的是掌握网络设备接口常用配置参数，以及链路聚合技术的实现，拓扑结构如图 4.17 所示。

图 4.17　链路聚合拓扑图

4.5.1　端口常用配置

端口的配置命令很多，常用的包括端口描述、duplex 设置、速率设置、流量控制功能的开启以及查看端口配置信息的命令等。

（1）端口描述。

〈H3C〉system-view

System View: return to User View with Ctrl＋Z.

［H3C］interface FortyGigE 1/0/53

［H3C-FortyGigE1/0/53］description to_swb　　//增加端口描述信息"to_swb"

［H3C-FortyGigE1/0/53］display this

＃

interface FortyGigE1/0/53

port link-mode bridge

description to_swb

（2）duplex 设置。

［H3C-FortyGigE1/0/53］duplex?

　　auto　Enable port's duplex negotiation automatically

　　full　Full-duplex

［H3C-FortyGigE1/0/53］duplex full　　//手工强制工作模式为全双工（默认自协商）

（3）速率设置。

［H3C-FortyGigE1/0/53］speed?

　　40000　Specify speed as 40000 Mbps

　　auto　Enable port's speed negotiation automatically

［H3C-FortyGigE1/0/53］speed 40000　　//手工强制接口速率为 40 Gbps（默认自协商）

（4）流量控制功能的开启。

［H3C-FortyGigE1/0/53］flow-control?

　　receive　Flow control packet receiving

　　〈cr〉

［H3C-FortyGigE1/0/53］flow-control　　//开启流量控制功能（默认关闭）

（5）查看端口配置信息。

［H3C-FortyGigE1/0/53］display this　　//或　［H3C］display cu int f1/0/53

＃

interface FortyGigE1/0/53

port link-mode bridge

description to_swb

duplex full

flow-control

4.5.2　链路聚合配置

两台交换机的链路聚合,可以大幅提高它们之间的传输带宽。配置链路聚合,需要在两端交换机均执行如下操作:① 创建聚合组;② 设置聚合模式及负载分担方式;③ 将成员端口加入聚合组,配置好后,可以分别在两端查看链路聚合组信息,确认链路聚合是否配置成功。

〈H3C〉sys

System View：return to User View with Ctrl＋Z.

[H3C]interface Bridge-Aggregation 1　　*//创建聚合组*

[H3C-Bridge-Aggregation1]link-aggregation ?

   ignore　　　　　Specify ignored VLANs

   load-sharing　　Link aggregation load sharing

   mode　　　　　Specify mode of the link aggregation group

   selected-port　　Specify selected ports

[H3C-Bridge-Aggregation1]link-aggregation mode dynamic　　*//设置动态聚合模式*

[H3C-Bridge-Aggregation1] link-aggregation load-sharing mode destination-mac *//设置负载分担方式*

[H3C-Bridge-Aggregation1]exit

[H3C]int f1/0/53

[H3C-FortyGigE1/0/53]port link-aggregation group 1　　*//将成员端口加入聚合组*

[H3C-FortyGigE1/0/53]int f1/0/54

[H3C-FortyGigE1/0/54]port link-aggregation group 1　　*//将成员端口加入聚合组*

按照如上要求,对两端交换机均配置完成后,查看聚合组状态信息。

[H3C]display link-aggregation verbose

Loadsharing Type：Shar -- Loadsharing, NonS -- Non-Loadsharing

Port Status：S -- Selected, U -- Unselected, I -- Individual

Flags： A – LACP_Activity，B – LACP_Timeout，C – Aggregation，
D – Synchronization，E – Collecting，F – Distributing，
G – Defaulted，H – Expired

Aggregate Interface：Bridge-Aggregation1

Aggregation Mode：Dynamic

Loadsharing Type：Shar

System ID：0x8000，24ad-3b9d-0100

Local：

Port	Status	Priority	Oper-Key	Flag
FGE1/0/53	S	32768	1	{ACDEF}
FGE1/0/54	S	32768	1	{ACDEF}

Remote：

Actor	Partner	Priority	Oper-Key		SystemID	Flag
FGE1/0/53	54	32768	1	0x8000	24ad-4449-0200	{ACDEF}
FGE1/0/54	55	32768	1	0x8000	24ad-4449-0200	{ACDEF}

4.5.3　思考

（1）完成聚合后，聚合链路能否通过除 VLAN 1 之外的其他 VLAN 标记帧？如果不能，如何让其能够通过其他 VLAN 数据？

（2）当遇到不同厂商之间采用链路聚合技术对接后发现成员端口总是无法处于"Selected"选中状态时，该如何解决？

4.6　VLAN 进阶配置

本仿真实验主要训练 VLAN 技术中混合端口（Hybrid）的用法，拓扑结构如图 4.18 所示，配置需完成的目标如下：① PC1 和 PC2 之间可以互访；② PC1 和 PC3 之间可以互访；③ PC1、PC2 和 PC3 都可以访问服务器；④ 其余的 PC 间访问均禁止。

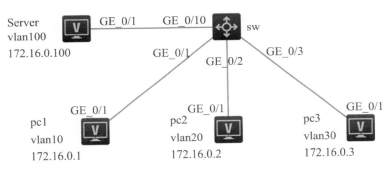

图 4.18　VLAN 进阶配置拓扑结构图

4.6.1　知识回顾

H3C 交换机共有三种链路类型：Access、Trunk 和 Hybrid。

Access 类型的端口只能属于某 1 个 VLAN，只能接收和发送所属 VLAN 的报文，并且发出报文不携带 VLAN Tag，一般用于连接各种终端（PC、笔记本、IP 摄像头等）的接口。

Trunk 类型的端口只能属于某 1 个 VLAN，但可以接收和发送多个 VLAN 的报文，发出报文仅端口所属 VLAN 不携带 VLAN Tag，一般用于交换机互联的接口。

Hybrid 类型的端口只能属于某 1 个 VLAN，但可以接收和发送多个 VLAN 的报文，发出报文可以人为指定携带或不携带哪些 VLAN Tag，即可用于交换机互联,也可用于连接各种终端。

其中,Hybrid 端口和 Trunk 端口的相同之处在于两种链路类型的端口都可以允许多个 VLAN 的报文发送时打标签;不同之处在于 Hybrid 端口可以允许多个 VLAN 的报文发送时不打标签,而 Trunk 端口只允许缺省 VLAN 的报文发送时不打标签。很明显,Hybrid 是一种更加灵活的端口链路类型实现。

三种类型的端口可以共存在一台以太网交换机上,但 Trunk 端口和 Hybrid 端口之间不能直接切换,只能先设置为 Access 端口,再设置为其他类型端口。例如,Trunk 端口不能直接被设置为 Hybrid 端口,只能先设置为 Access 端口,再设置为 Hybrid 端口。

4.6.2 解决思路与配置步骤

(1)解决思路。

利用 Hybrid 端口的特性一个端口可以放行多个不同 VLAN 且不带 VLAN Tag 数据报文,来完成分属不同 VLAN 内同网段 PC 机的访问需求。

(2)按照图 4.19 和图 4.20 所示的配置信息,完成各 PC 机的 IP 地址配置任务。

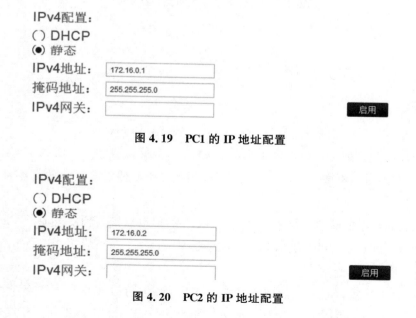

图 4.19 PC1 的 IP 地址配置

图 4.20 PC2 的 IP 地址配置

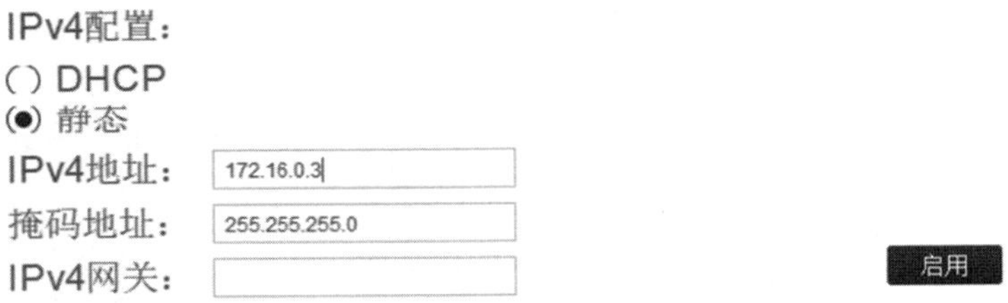

IPv4配置：

( ) DHCP

(●) 静态

IPv4地址：　172.16.0.3

掩码地址：　255.255.255.0

IPv4网关：

启用

图 4. 21　PC3 的 IP 地址配置

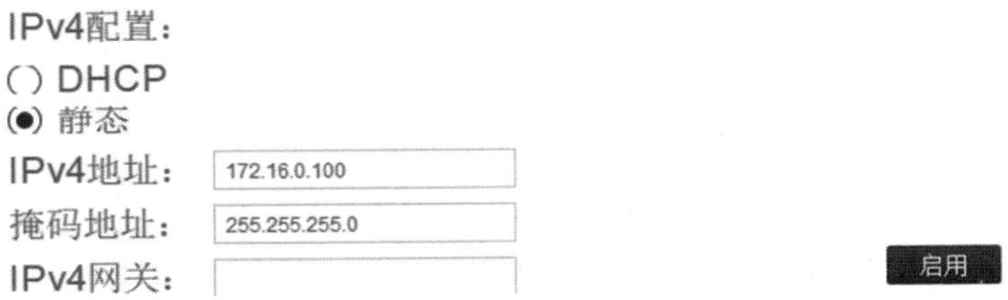

IPv4配置：

( ) DHCP

(●) 静态

IPv4地址：　172.16.0.100

掩码地址：　255.255.255.0

IPv4网关：

启用

图 4. 22　Server 的 IP 地址配置

（3）交换机 VLAN 配置。

〈H3C〉sys

［H3C］vlan 10　　　*//划分 vlan*

［H3C-vlan10］port g1/0/1　　*//分配端口*

［H3C-vlan10］vlan 20

［H3C-vlan20］port g1/0/2

［H3C-vlan20］vlan 30

［H3C-vlan30］port g1/0/3

［H3C-vlan30］vlan 100

［H3C-vlan100］port g1/0/10

［H3C-vlan100］quit

［H3C］int g1/0/1

［H3C-GigabitEthernet1/0/1］port link-type ?

　access　　Set the link type to access

　hybrid　　Set the link type to hybrid

　trunk　　Set the link type to trunk

［H3C-GigabitEthernet1/0/1］port link-type hybrid　　*//设置端口链路类型为 hybrid*

［H3C-GigabitEthernet1/0/1］port hybrid ?

ip-subnet-vlan   Specify IP subnet-based VLAN characteristics for the current hybrid port

protocol-vlan   Specify protocol-based VLAN characteristics for the current hybrid port

pvid   Specify the port PVID

vlan   Assign the port to VLANs

［H3C-GigabitEthernet1/0/1］port hybrid vlan 20 30 100 ?

INTEGER〈1-4094〉   VLAN ID

tagged   Assign the port to tagged VLANs

to   Range of VLAN IDs

untagged   Assign the port to untagged VLANs

［H3C-GigabitEthernet1/0/1］port hybrid vlan 20 30 100 untagged   *//设置端口允许通过的且不携带 vlan tag 的 vlan 数据帧（因为终端不识别携带 vlan tag 的数据帧）*

［H3C-GigabitEthernet1/0/1］int g1/0/2

［H3C-GigabitEthernet1/0/2］port link-type hybrid

［H3C-GigabitEthernet1/0/2］port hybrid vlan 10 100 untagged

［H3C-GigabitEthernet1/0/2］int g1/0/3

［H3C-GigabitEthernet1/0/3］port link-type hybrid

［H3C-GigabitEthernet1/0/3］port hybrid vlan 10 100 untagged

［H3C-GigabitEthernet1/0/3］int g1/0/10

［H3C-GigabitEthernet1/0/10］port link-type hybrid

［H3C-GigabitEthernet1/0/10］port hybrid vlan 10 20 30 untagged

［H3C-GigabitEthernet1/0/10］quit

（4）测试效果。

PC1 可以 ping 通其他所有设备，PC2、PC3 之间无法 ping 通，PC2、PC3 都可以 ping 通 Server。

4.6.3 小结

Access 端口：常用于连接终端，此类型端口只能和相同 vlan-id 接口通信；入方向打上 vlan tag,出方向拆除 vlan tag。

　　Trunk 端口:常用于交换机之间互联,此类型端口可以接收和发送多个 vlan-id 标记的报文,即多种标签报文共用 trunk 链路通道,且只有允许的才可以发送和接收。发送和接收都可以携带 vlan tag(接口 PVID 值标识的所属 vlan 标签除外)。

　　Hybrid 端口:即可连接终端也可连接交换机。此类型端口连接到终端时,都要在 hybrid 命令后加上 untagged,因为终端网卡通常是不能识别处理带有 vlan tag 数据帧的。

　　三种端口统一遵循:PVID 即缺省 vlan id,入方向无 vlan tag 即打上该 vlan id,出方向 vlan tag 与 PVID 一致则拆除 vlan tag。

4.6.4　思考

　　(1) 如果采用配置为 trunk 模式,能否实现上述需求,为什么?

　　(2) 如果想实现所有 PC 能否访问 Server、PC 间不能访问,不使用 Hybrid 端口链路类型,还有其他技术能实现吗?

4.7　STP 收敛机制

　　本仿真实验的主要目的是掌握 STP(生成树协议)实现链路备份方法和故障收敛功能(图 4.23)。

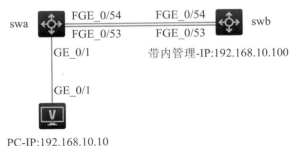

图 4.23　STP 收敛机制拓扑结构图

4.7.1 配置步骤

（1）swa、swb 中指定运行模式为 STP，并配置 swa 的根桥及边缘端口参数。

〈H3C〉system-view

System View：return to User View with Ctrl+Z.

[H3C]sysname swa

[swa]stp mode stp

[swa]stp priority ?

　　INTEGER〈0-61440〉　Bridge priority，in steps of 4096

[swa]stp priority 8192　　*//设置此交换机 STP 桥优先级，以使其成为根桥（默认 32768）*

[swa]interface g1/0/1

[swa-GigabitEthernet1/0/1]stp edged-port　　*//设置此接口为边缘端口（此特性实为 RSTP 模式提出用来实现 PC 快速上线，如今多数厂商在 STP 模式也进行了兼容）*

Edge port should only be connected to terminal. It will cause temporary loops if port GigabitEthernet1/0/1 is connected to bridges. Please use it carefully.

〈H3C〉system-view

System View：return to User View with Ctrl+Z.

[H3C]sysname swb

[swb]stp mode stp

（2）查看 swa 交换机的 STP 信息。

[swa]display stp

------[CIST Global Info][Mode STP]------

Bridge ID：8192.940b-d156-0100　　*//此交换机桥 ID*

Bridge times：Hello 2s MaxAge 20s FwdDelay 15s MaxHops 20

Root ID/ERPC：8192.940b-d156-0100，0　　*//根桥 ID 与本机桥 ID 相同，说明自己为根交换机*

RegRoot ID/IRPC：8192.940b-d156-0100，0

RootPort ID：0.0

BPDU-Protection：Disabled

Bridge Config-Digest-Snooping：Disabled

TC or TCN received：3

Time since last TC：0 days 0h：18m：55s

...

[swa]display stp brief　*//可以看出根交换机上不会存在 RP(根端口)*

MST ID	Port	Role	STP State	Protection
0	FortyGigE1/0/53	DESI	FORWARDING	NONE
0	FortyGigE1/0/54	DESI	FORWARDING	NONE
0	GigabitEthernet1/0/1	DESI	FORWARDING	NONE

（3）查看 swb 的 STP 信息。

[swb]dis stp

------[CIST Global Info][Mode STP]------

Bridge ID：32768. 940b-d9fd-0200

Bridge times：Hello 2s MaxAge 20s FwdDelay 15s MaxHops 20

Root ID/ERPC：8192. 940b-d156-0100，1

RegRoot ID/IRPC：32768. 940b-d9fd-0200，0

RootPort ID：128. 54

BPDU-Protection：Disabled

Bridge Config-Digest-Snooping：Disabled

TC or TCN received：10

Time since last TC：0 days 0 h：27 m：39 s

...

[swb]display stp brief

MST ID	Port	Role	STP State	Protection
0	FortyGigE1/0/53	ROOT	FORWARDING	NONE
0	FortyGigE1/0/54	ALTE	DISCARDING	NONE

（4）STP 的冗余特性。

STP 不但能够阻断冗余链路,并且能够在活动链路断开时,通过选举流程自动激活被阻断的冗余链路而恢复网络联通性。

（5）按照图 4.23,分别配置 swb 交换机带内管理 IP 地址、PC IP 地址。

[swb]interface Vlan-interface 1

［swb-Vlan-interface1］ip add 192.168.10.100 24

［swb-Vlan-interface1］quit

（6）PC 配置。

参考前文，步骤略。

（7）通过 PC 持续 ping swb 上的带内管理地址。

如图 4.24 所示。

<H3C>ping -c 1000 192.168.10.10

图 4.24   ping swb 上的带内管理地址

（8）将 swb 交换机的转发端口（本例中为 FortyGigE1/0/53 端口）上的线缆删除，查看 ping 报文有无丢失（图 4.25）。

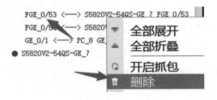

图 4.25   删除线缆

4.7.2   思考题

（1）为什么上述实验中 F1/0/53 接口故障会引起丢包，实际上中断了多少秒？

（2）如果不指定 swa 的桥优先级，谁会是根桥，该如何选举？

4.8   MSTP 负载分担配置

本仿真实验的主要目的是掌握 MSTP（多生成树协议）的单域负载分担部署方式（图 4.26）。

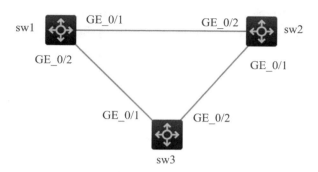

图 4.26　多生成树协议拓扑结构图

4.8.1　配置步骤

（1）为交换机创建 vlan 100、vlan 200，并将互联接口均配置为 Trunk 模式且放行业务 vlan 100、vlan 200。

［SW1］vlan 100

［SW1］vlan 200

［SW1］interface GigabitEthernet 1/0/1

［SW1-GigabitEthernet1/0/1］port link-type trunk

［SW1-GigabitEthernet1/0/1］port trunk　permit　vlan　100 200

［SW1-GigabitEthernet1/0/1］undo port trunk　permit　vlan　1

［SW1］interface GigabitEthernet 1/0/2

［SW1-GigabitEthernet1/0/2］port link-type trunk

［SW1-GigabitEthernet1/0/2］port trunk　permit　vlan　100 200

［SW1-GigabitEthernet1/0/2］undo port trunk　permit　vlan　1

［SW2］vlan 100

［SW2］vlan 200

［SW2］interface GigabitEthernet 1/0/1

［SW2-GigabitEthernet1/0/1］port link-type trunk

［SW2-GigabitEthernet1/0/1］port trunk　permit　vlan　100 200

［SW2-GigabitEthernet1/0/1］undo port trunk　permit　vlan　1

［SW2］interface GigabitEthernet 1/0/2

［SW2-GigabitEthernet1/0/2］port link-type trunk

［SW2-GigabitEthernet1/0/2］port trunk   permit   vlan   100 200

［SW2-GigabitEthernet1/0/2］undo port trunk   permit   vlan   1

［SW3］vlan 100

［SW3］vlan 200

［SW3］interface GigabitEthernet 1/0/1

［SW3-GigabitEthernet1/0/1］port link-type trunk

［SW3-GigabitEthernet1/0/1］port trunk   permit   vlan   100 200

［SW3-GigabitEthernet1/0/1］undo port trunk   permit   vlan   1

［SW3］interface GigabitEthernet 1/0/2

［SW3-GigabitEthernet1/0/2］port link-type trunk

［SW3-GigabitEthernet1/0/2］port trunk   permit   vlan   100 200

［SW3-GigabitEthernet1/0/2］undo port trunk   permit   vlan   1

（2）为所有交换机创建相同域配置，vlan 100 与 vlan 200 分别绑定实例 10、实例 20，域名为 yige，修订级别为 1。

［SW1］stp region-configuration   //进入 MST 域配置视图

［SW1-mst-region］region-name yige   //配置域名为 yige

［SW1-mst-region］revision-level 1   //配置修订级别为 1（缺省为 0）

［SW1-mst-region］instance 10 vlan 100   //创建实例 10 并绑定 vlan 100

［SW1-mst-region］instance 20 vlan 200   //创建实例 20 并绑定 vlan 200

［SW1-mst-region］active region-configuration   //激活上述域配置参数

［SW2］stp region-configuration

［SW2-mst-region］region-name yige

［SW2-mst-region］revision-level 1

［SW2-mst-region］instance 10 vlan 100

［SW2-mst-region］instance 20 vlan 200

［SW2-mst-region］active region-configuration

［SW3］stp region-configuration

［SW3-mst-region］region-name yige

［SW3-mst-region］revision-level 1

［SW3-mst-region］instance 10 vlan 100

［SW3-mst-region］instance 20 vlan 200

［SW3-mst-region］active region-configuration

（3）所有交换机模式指定为 MSTP 模式，H3C 设备出厂默认工作在 MSTP 模式。

［SW1］stp mode mstp

［SW2］stp mode mstp

［SW3］stp mode mstp

（4）指定 SW1 作为实例 10 的主根桥、实例 20 的备根桥；指定 SW2 作为实例 10 的备根桥、实例 20 的主根桥。

［SW1］stp instance 10 root　primary　*//设定此交换机为实例 10 的主根桥*

［SW1］stp instance 20 root　secondary　*//设定此交换机为实例 20 的从根桥*

［SW2］stp instance 10 root　secondary

［SW2］stp instance 20 root　primary

（5）查看 SW1 上针对实例 10 的所有端口角色是否为 DP。

［sW1］display　stp brief

MST ID	Port	Role	STP State	Protect ion
0	GigabitEthernet1/0/1	DESI	FORWARDING	NONE
0	GigabitEthernet1/0/2	DESI	FORWARDING	NONE
10	Gigab itEthernet1/0/1	DESI	FORWARDING	NONE
10	Gigab itEthernet1/0/2	DESI	FORWARDING	NONE
20	GigabitEthernet1/0/1	ROOT	FORWARDING	NONE
20	GigabitEthernet1/0/2	DESI	FORWARDING	NONE

（6）查看 SW2 上针对实例 20 的所有端口角色是否为 DP。

［SW2］dis stp brief

MST ID	Port	Role	STP State	Protection
0	GigabitEthernet1/0/1	DESI	FORWARDING	NONE
0	GigabitEthernet1/0/2	ROOT	FORWARDING	NONE
10	GigabitEthernet1/0/1	DESI	FORWARDING	NONE
10	GigabitEthernet1/0/2	ROOT	FORWARDING	NONE

20	GigabitEthernet1/0/1	DESI	FORWARDING	NONE
20	GigabitEthernet1/0/2	DESI	FORWARDING	NONE

(7) 查看 SW3 上针对实例 10 的 RP 端口是否在 G 1/0/1,AP 端口是否在 G 1/0/2;查看 SW3 上针对实例 20 的 RP 端口是否在 G 1/0/2,AP 端口是否在 G 1/0/1。

[SW3]dis stp brief

MST ID	Port	Role	STP State	Protect ion
0	GigabitEthernet1/0/1	ROOT	FORWARDING	NONE
0	GigabitEthernet1/0/2	ALTE	DISCARDING	NONE
10	GigabitEthernet1/0/1	ROOT	FORWARDING	NONE
10	GigabitEthernet1/0/2	ALTE	DISCARDING	NONE
20	GigabitEthernet1/0/1	ALTE	DISCARDING	NONE
20	GigabitEthernet1/0/2	ROOT	FORWARDING	NONE

4.8.2 小结

通过最终查看各交换机接口状态可知,sw3 下挂业务终端 vlan 100 与 vlan 200 后,上行流量将分别从 G1/0/1 和 G1/0/2 接口转发,实现负载分担,且上行任意接口中断后依旧可以相互备份继续转发。

关于 MSTP 还有复杂的多域应用场景,其中又会涉及 IST、CST、CIST 等新的概念,本实验只讨论了 MSTP 单域配置应用场景,有兴趣的同学可以尝试部署一下多域的配置环境。

4.8.3 思考

(1) 如果 sw1 与 sw2 都指定自己作为实例 10 的主根桥,那么该如何选举?

(2) 如果不指定域参数中的域名,会导致什么问题?

第 5 章　路由器仿真技术

5.1　静态路由配置

本仿真实验主要练习的是基础路由技术中的静态路由技术,它是众多路由技术的始祖,时至今日在各种规模、各种行业、各种场景中依然频繁使用(图 5.1)。

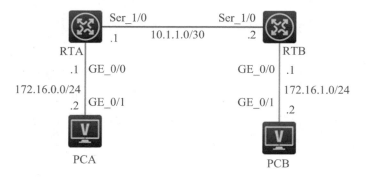

图 5.1　静态路由配置拓扑图

5.1.1　配置步骤

（1）按照图 5.1 所示配置 RTA、RTB、PCA、PCB 的接口 IP 地址（参考前文，步骤略）。

（2）在 RTA 中配置去往目标 172.16.1.0/24 网段的静态路由。

［RTA］ip route-static 172.16.1.0 24 10.1.1.2

（3）在 RTB 中配置到达 172.16.0.0/24 网段的静态路由。

［RTB］ip route-static 172.16.0.0 24 10.1.1.1

（4）测试主机 PCA 与 PCB 的联通性，如果不通则检查两台 PC 是否配置好了网关参数（图 5.2）。

IPv4配置：
〇 DHCP
◉ 静态
IPv4地址：　172.16.0.2
掩码地址：　255.255.255.0
IPv4网关：　172.16.0.1

启用

图 5.2　主机 PCA 的 IP 地址配置（PCB 与其类似，注意网关地址配置）

（5）假设 RTA 作为网络中的边缘末梢路由器，其访问其他所有网段的出口统一走 RTB，则 RTA 可以配置静态缺省路由：

［RTA］ip route-static 0.0.0.0 0 10.1.1.2

＊缺省路由在实际应用中非常广泛，比如家用路由器作为访问互联的出口，一定配置了缺省路由，因为互联网上的明细业务网段太多了；再比如终端配置网关参数本质上就是为操作系统添加了一条默认路由下一跳即网关 IP 地址。

5.1.2　思考

（1）如果 RTB 也配置了缺省路由指向 RTA，会有什么问题吗？

（2）如果 RTA 业务网段有 172.16.4.0/24、172.16.5.0/24、172.16.6.0/24，如何配置才合适？

5.2　ARP 功能配置

本仿真实验的主要目标是理解并掌握 ARP 地址解析功能(图 5.3)。

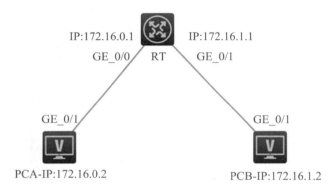

IP:172.16.0.1　　　　　　IP:172.16.1.1

GE_0/0　RT　GE_0/1

GE_0/1　　　　　　　　　　　　GE_0/1

PCA-IP:172.16.0.2　　　　　　　　PCB-IP:172.16.1.2

图 5.3　ARP 地址解析拓扑图

5.2.1　配置步骤

(1) 记录拓扑中各接口 MAC 地址信息。

鼠标悬停在 PC 图表上即可显示该 PC 的 MAC 地址,步骤略。

　* Windows 操作系统通过在 cmd 窗口执行 ipconfig /all 可查看各网卡 MAC 地址。

路由器接口 MAC 地址可通过如下方式查看:

[PCA]dis int g0/0

GigabitEthernet0/0

Current state:UP

Line protocol state:UP

Description:GigabitEthernet0/0 Interface

Bandwidth:1000000 kbps

Maximum Transmit Unit：1500

Internet protocol processing：disabled

IP Packet Frame Type：PKTFMT_ETHNT_2，Hardware Address：0c56-2f58-0205

IPv6 Packet Frame Type：PKTFMT_ETHNT_2，Hardware Address：0c56-2f58-0205

……

获取信息如表 5.1 所示。

表 5.1　获取信息

设备名称	接　口	IP 地址	Mac 地址
PCA	G0/1	172.16.0.2　/24	0c56-2f58-0205
PCB	G0/1	172.16.1.2　/24	0c56-33e8-0406
RT	G0/0	172.16.0.1　/24	0c17-cb07-0105
RT	G0/1	172.16.1.2　/24	0c17-cb07-0106

(2) 按照拓扑图标示配置各设备 IP 地址(步骤略)。

(3) 未配置地址前，各设备中的 ARP 表均为空(表 5.2)。

表 5.2　示配置地址前

[RT]dis arp					
Type：S-Static	D-Dynamic	O-Openflow	R-Rule	M-Multiport	I-Invalid
IP address	MAC address	VLAN	Interface		Aging Type

(4) PC 使用 ping 访问各自连接路由器接口后，再观察 RT 上 ARP 表变化(表 5.3)。

表 5.3　使用 ping 访问各自连接路由器接口后

[RT]dis arp					
Type：S-Static	D-Dynamic	O-Openflow	R-Rule	M-Multiport	I-Invalid
IP address	MAC address	VLAN	Interface	Aging	Type
172.16.0.2	0c56-2f58-0205	N/A	GE0/0	14	D
172.16.1.2	0c56-33e8-0406	N/A	GE0/0	14	D

5.2.2　配置 ARP 代理功能

（1）将 PCA、PCB 设备的地址掩码均修改为 16 位，使它们处于同一网段，通过 ping 命令测试 PCA 与 PCB 的联通性（图 5.4、图 5.5）。

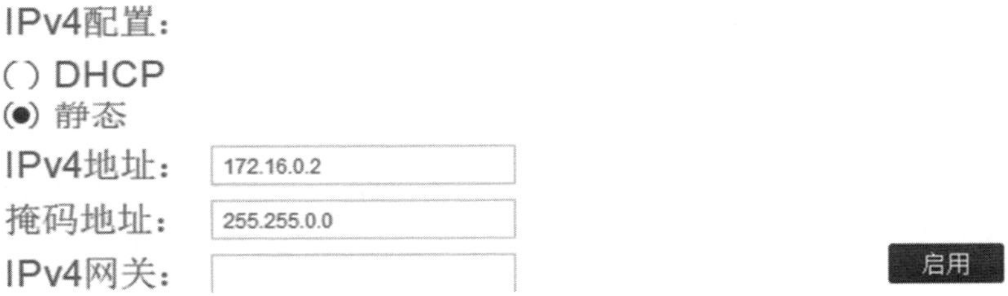

IPv4配置：
（）DHCP
（●）静态
IPv4地址：　172.16.0.2
掩码地址：　255.255.0.0
IPv4网关：

启用

图 5.4　重新配置 PCA 的 IP 地址

IPv4配置：
（）DHCP
（●）静态
IPv4地址：　172.16.1.2
掩码地址：　255.255.0.0
IPv4网关：

启用

图 5.5　重新配置 PCB 的 IP 地址

重新配置好以后，通过 ping 命令测试 PCA 与 PCB 的联通性，会发现不通（图 5.6），请思考原因。

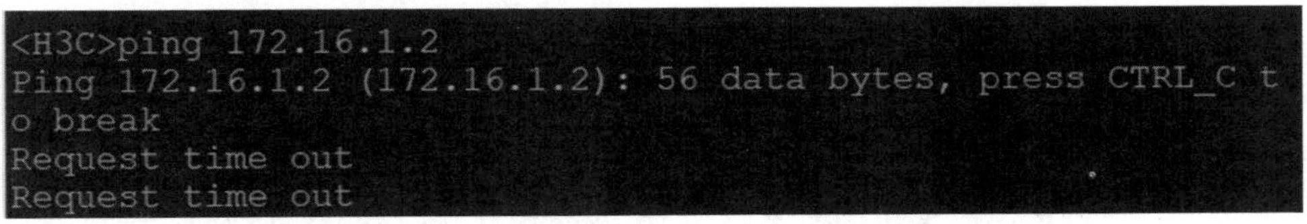

```
<H3C>ping 172.16.1.2
Ping 172.16.1.2 (172.16.1.2): 56 data bytes, press CTRL_C t
o break
Request time out
Request time out
```

图 5.6　通过 ping 命令测试 PCA 与 PCB 的联通性

原因是路由器的三层接口并不会像交换机二层接口一样转发 ARP 广播请求，导致 PCB 无法收到 PCA 发出的 ARP 解析请求。

（2）在路由器 RT 设备上配置 ARP 代理，并测试 PCA 与 PCB 的联通性，发现可以互通了。

[RT]int g0/0

[RT-GigabitEthernet0/0]proxy-arp enable

//在设备接口上配置 ARP 代理,使得该接口可以像二层设备一样转发 ARP 报文

[RT-GigabitEthernet0/0]int g0/1

[RT-GigabitEthernet0/1]proxy-arp enable

(3) 再次查看 PCA 与 PCB 设备的 ARP 表。

* HCL 中的虚拟主机不支持 ARP 表项查看,下面是以路由器代替 PC 的场景进行反馈。

* Windows 操作系统通过在 cmd 窗口执行 arp -a 可查看本机各网卡的 ARP 缓存表项(表 5.4)。

表 5.4　PCA 设备的 ARP 表

[PCA]dis arp						
Type：S-Static	D-Dynamic	O-Openflow	R-Rule	M-Multiport	I-Invalid	
IP address	MAC address	VLAN	Interface		Aging	Type
172.16.0.1	0c17-cb07-0105	N/A	GE0/0		14	D
172.16.1.2	0c17-cb07-0105	N/A	GE0/0		16	D

PCA 的 ARP 表项中记录的 172.16.1.2 对应的 MAC 地址与 RT 接口 G0/0 的 MAC 地址相同。说明在 PCA 看来,它认为 RT 的接口 G0/0 就是 PCB。实际上是 RT 的接口 G0/0 执行了 ARP 代理功能,RT 代为转达 PCB 响应 PCA 的 ARP 应答时,修改了 PCB 对应 MAC 为 RT 连接 PCA 的接口 MAC。

5.2.3　思考

(1) 如果网络中有人误配置了终端 IP 为网关 IP,会导致什么问题?

(2) H3C 交换机支持哪些 ARP 攻击防范功能?

5.3　DHCP 功能配置

本仿真实验主要训练直连场景下通过 DHCP 功能自动分配终端 IP 地址参数（图 5.7）。

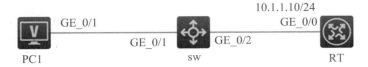

图 5.7　DHCP 功能配置拓扑图

5.3.1　配置步骤

（1）开启设备 DHCP 服务功能；排除 DHCP 地址池中不参与自动分配的 IP 地址；创建 DHCP 地址池。

〈H3C〉system-view

［H3C］sysname RT

［RT］int g0/0

［RT-GigabitEthernet0/0］ip add 10.1.1.10 24　　*//配置路由器端口地址*

［RT-GigabitEthernet0/0］quit

［RT］dhcp enable　　*//开启 DHCP 服务功能*

［RT］dhcp server forbidden-ip 10.1.1.1 10.1.1.3　　*//配置地址池中不参与自动分配的地址*

［RT］dhcp server forbidden-ip 10.1.1.251 10.1.1.254

［RT］dhcp server ip-pool pool1　　*//创建 IP 地址池*

［RT-dhcp-pool-pool1］network 10.1.1.0 mask 255.255.255.0　　*//配置地址池范围*

［RT-dhcp-pool-pool1］gateway-list 10.1.1.10　　*//配置为客户端分配的网关地址*

［RT-dhcp-pool-pool1］quit

（2）PC1 网卡启用 DHCP 获取功能。

如图 5.8 所示。

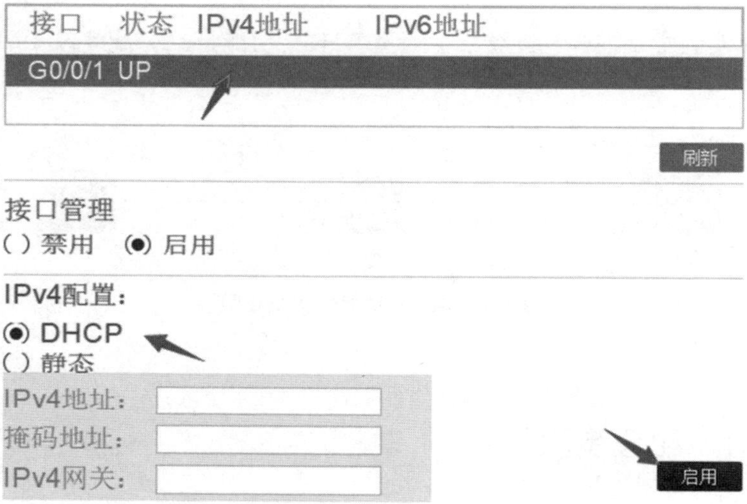

图 5.8　主机 PC1 的 IP 地址配置

（3）查看 DHCP 相关信息。

［RT］display dhcp server free-ip　　*//查看地址池可用地址*

Pool name：pool1

　　Network：10.1.1.0 mask 255.255.255.0

　　　IP ranges from 10.1.1.4 to 10.1.1.20

　　　IP ranges from 10.1.1.22 to 10.1.1.250

［RT］dis dhcp server pool　　*//查看地址池信息*

Pool name：pool1

　　Network：10.1.1.0 mask 255.255.255.0

　　expired 1 0 0 0

　　gateway-list 10.1.1.10

［RT］dis dhcp server statistics　　*//查看 DHCP 服务器统计信息*

　　　Pool number：　　　　　1

Pool utilization：	0.40%
Bindings：	
Automatic：	1
Manual：	0
Expired：	0
Conflict：	0
Messages received：	13
DHCPDISCOVER：	1
DHCPREQUEST：	8
DHCPDECLINE：	0
DHCPRELEASE：	0
DHCPINFORM：	4
BOOTPREQUEST：	0
Messages sent：	7
DHCPOFFER：	1
DHCPACK：	6
DHCPNAK：	0
BOOTPREPLY：	0
Bad Messages：	0

[RT]dis dhcp server ip-in-use　*//查看已分配地址信息*

IP address	Client identifier/ Hardware address	Lease expiration	Type
10.1.1.21	0102-004c-4f4f-50	Apr　4 01：30：23 2015	Auto(C)

5.3.2　思考

(1) 如果需要自动分配 DNS 参数，该使用什么命令？

(2) 如果一个二层网络中同时存在两个 DHCP 服务器，客户端将获取哪一个？

5.4　DHCP 中继配置

本仿真实验主要练习跨网段场景下 DHCP 功能为终端自动分配 IP 地址参数（图 5.9）。

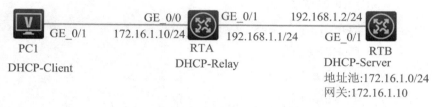

图 5.9　DHCP 中继配置

5.4.1　配置步骤

（1）配置 RTA 与 RTB 各端口地址。

〈H3C〉sys

System View：return to User View with Ctrl＋Z.

[H3C]sys RTA

[RTA]int g0/0

[RTA-GigabitEthernet0/0]ip add 172.16.1.10 24

[RTA-GigabitEthernet0/0]int g0/1

[RTA-GigabitEthernet0/1]ip add 192.168.1.1 24

〈H3C〉sys

System View：return to User View with Ctrl＋Z.

[H3C]sys RTB

[RTB]int g0/1

[RTB-GigabitEthernet0/1]ip add 192.168.1.2 24

（2）在 RTB 上配置静态路由使服务器端与客户端可以互访。

[RTB]ip route-static 172.16.1.0 24 192.168.1.1

（3）在 RTB 上配置 DHCP 服务器端功能。

[RTB]dhcp enable

[RTB]dhcp server forbidden-ip 172.16.1.1 172.16.1.9

[RTB]dhcp server ip-pool pool1

[RTB-dhcp-pool-pool1]network 172.16.1.0 mask 255.255.255.0

[RTB-dhcp-pool-pool1]gateway-list 172.16.1.10

[RTB-dhcp-pool-pool1]quit

（4）在 RTA 上配置 DHCP 中继，使得主机获得 RTB 上 DHCP 服务器分配的地址。

[RTA]

[RTA]dhcp enable　*//开启 DHCP 服务*

[RTA]int g0/0

[RTA-GigabitEthernet0/0]dhcp select relay *//在 G0/0 上配置 DHCP 中继*

[RTA-GigabitEthernet0/0]dhcp relay server-address ?

　X.X.X.X　IP address

[RTA-GigabitEthernet0/0]dhcp relay server-address 192.168.1.2

//指定中继的 DHCP 服务器地址

[RTA-GigabitEthernet0/0]quit

[RTA]dis dhcp relay server-address

Interface name　　　　　　　　Server IP address

GE0/0　　　　　　　　　　　　192.168.1.2

（5）PC1 启用 DHCP 自动获取，观察能否成功获取 IP 地址参数（图 5.10）。

5.4.2　思考题

（1）中继（RTA）设备既然代为转发客户端请求至服务器（RTB），为什么还需要为服务器添加去往客户端（PC1）网段的静态路由？

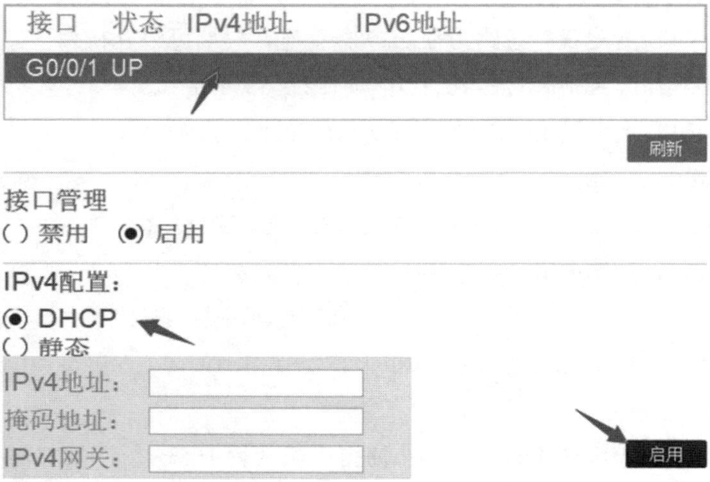

图 5.10   主机 PC1 的 IP 地址配置

（2）如果面临车站、大型商场、机场等人流量较大的场合，如何优化 DHCP 参数？

5.5   VLAN 间互访配置

本仿真实验主要练习的是如何实现不同 VLAN 之间三层互访。实际方法很多，此次实验仅演示了其中一种比较有名的解决方案，常被人们称为"单臂路由"解决方案（图 5.11）。

5.5.1   配置步骤

（1）配置主机 PC1 与 PC2 的 IP 地址参数（参考前文，步骤略）。
（2）在 SW 中配置 VLAN，划分端口。
〈H3C〉sys
System View：return to User View with Ctrl＋Z.

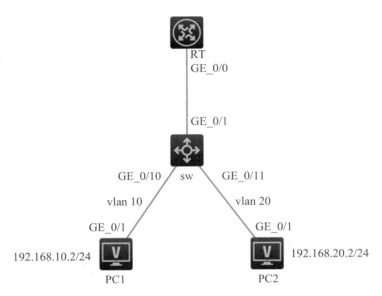

图 5.11　VLAN 间互访配置拓扑图

〔H3C〕sys SW

〔SW〕vlan 10

〔SW-vlan10〕port g1/0/10

〔SW-vlan10〕vlan 20

〔SW-vlan20〕port g1/0/11

〔SW-vlan20〕int g1/0/1　　*//设置 g1/0/1 端口为 trunk 模式,并允许 vlan10 20通过*

〔SW-GigabitEthernet1/0/1〕port link-type trunk

〔SW-GigabitEthernet1/0/1〕port trunk permit vlan all

（3）在 RT 中配置子接口,配置单臂路由。

〔H3C〕sys RT

〔RT〕int g0/0.10　　*//创建子接口*

〔RT-GigabitEthernet0/0.10〕vlan-type dot1q vid 10　　*//配置子接口可识别的 vlan 标签*

〔RT-GigabitEthernet0/0.10〕ip add 192.168.10.1 24　　*//配置 vlan 用户网关 IP 地址*

〔RT-GigabitEthernet0/0.10〕int g0/0.20

〔RT-GigabitEthernet0/0.20〕vlan-type dot1q vid 20

［RT-GigabitEthernet0/0.20］ip add 192.168.20.1 24

＊现如今三层交换机已大行其道多年，早已支持通过为 VLAN 直接创建三层接口的方式来代替传统的"单笔路由"解决方案，该方案还很好利用了交换机硬件转发特征，提高了转发效率。

（4）测试 PC1 与 PC2 的联通性（步骤略）。

5.5.2　思考

（1）本次环境中如果终端 PC 属于 vlan 1，RT 也需要配置子接口功能吗？
（2）PC1 访问 PC2 从 RT 转发回 SW 时会携带 vlan tag 吗？

5.6　静态路由备份配置

本仿真实验主要练习的是如何利用浮动静态路由实现路由备份，防止因链路或设备物理故障导致备用链路不可用。实现思想是通过配置相同目标网段不同优先级的静态路由，从而实现主备方式的选路及备份效果。如图 5.12 所示。

5.6.1　配置步骤

（1）按照图 5.12 所示配置各设备接口地址（参考前文，步骤略）。
（2）配置 RTB 路由器的静态路由。
［RTB］ip route-static 192.168.1.0 24 10.1.1.1
［RTB］ip route-static 192.168.2.0 24 10.1.1.6
（3）配置 RTA 路由器的静态路由。
［RTA］ip route-static 192.168.2.0 24 10.1.1.10　　//默认优先级为 60
［RTA］ip route-static 192.168.2.0 24 10.1.1.2 preference 80　　//修改优先级为 80

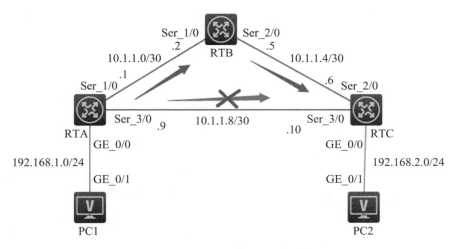

图 5.12　静态路由备份配置拓扑图

（4）配置 RTC 路由器的静态路由。

［RTC］ip route-static 192.168.1.0 24 10.1.1.9　*//默认优先级为 60*

［RTC］ip route-static 192.168.1.0 24 10.1.1.5 preference 80　*//修改优先级为 80*

（5）使用 PC1 长 ping PC2，再断开 RTA 与 RTC 广域网互联的 S3/0 接口，观察是否丢包（步骤略）。

（6）除了上述实现方式，H3C 设备还支持以静态配置快速重路由的方式实现备份效果，主要配置区别在于 RTA 与 RTC 的路由配置方式不同。

［RTA］ip route-static 192.168.2.0 24 S3/0 10.1.1.10 backup-interface s1/0 backup-n exthop 10.1.1.2　*//设置路由与备份路由*

［RTA］ip route-static 192.168.2.0 24 10.1.1.2 s1/0 preference 80　*//修改优先级为 80*

［RTA］dis ip routing-table 192.168.2.0 verbose　*//查看到达网络 192.168.2.0 的详细路由*

Summary Count：1

Destination：192.168.2.0/24

　　Protocol：Static　　　　　　Process ID：0

　　SubProtID：0x1　　　　　　Age：00h00m28s

Cost：0   Preference：60

IpPre：N/A   QosLocalID：N/A

Tag：0   State：Active Adv

OrigTblID：0x0   OrigVrf：default-vrf

TableID：0x2   OrigAs：0

NibID：0x11000003   LastAs：0

AttrID：0xffffffff   Neighbor：0.0.0.0

Flags：0x10040   OrigNextHop：10.1.1.10

Label：NULL   RealNextHop：10.1.1.10

BkLabel：NULL   BkNextHop：10.1.1.2

Tunnel ID：Invalid   Interface：Serial3/0

BkTunnel ID：Invalid   BkInterface：Serial1/0

FtnIndex：0x0   TrafficIndex：N/A

Connector：N/A

　　[RTC]ip route-static 192.168.1.0 24 s3/0 10.1.1.9 backup-interface s2/0 backup-n exthop 10.1.1.5　　//*设置路由与备份路由*

　　[RTC]ip route-static 192.168.1.0 24 10.1.1.5 s2/0 preference 80　　//*修改优先级为 80*

　　[RTC]dis ip routing-table 192.168.1.0 verbose　　//*查看到达网络 192.168.1.0 的详细信息*

Summary Count：1

Destination：10.1.1.0/24

Protocol：Static   Process ID：0

SubProtID：0x1   Age：00h00m18s

Cost：0   Preference：60

IpPre：N/A   QosLocalID：N/A

Tag：0   State：Active Adv

OrigTblID：0x0   OrigVrf：default-vrf

TableID：0x2   OrigAs：0

NibID：0x11000003　　　　LastAs：0

AttrID：0xffffffff　　　　Neighbor：0. 0. 0. 0

Flags：0x10040　　　　OrigNextHop：10. 1. 1. 9

Label：NULL　　　　RealNextHop：10. 1. 1. 9

BkLabel：NULL　　　　BkNextHop：10. 1. 1. 5

Tunnel ID：Invalid　　　　Interface：Serial3/0

BkTunnel ID：Invalid　　　　BkInterface：Serial2/0

FtnIndex：0x0　　　　TrafficIndex：N/A

Connector：N/A

5.6.2　思考题

（1）如果主用线路为 RTA-RTB-RTC，备用线路为 RTA-RTC，当主用线路 RTB-RTC 之间故障，备用线路能生效吗？

（2）如何解决静态路由无法感知链路间接故障的问题？

5.7　RIPv2 基础配置

本仿真实验主要练习的是 RIP 版本 2 基础配置内容，学会如何使用 RIP 路由协议完成 PCA 与 PCB 的三层互访需求。

5.7.1　配置步骤

（1）配置各设备端口地址（参考前文，步骤略）。

（2）在 RTA、RTB、RTC 设备上开启 RIP 协议版本 V2，并设置 RTB、RTC 路由器启用 RIP 验证功能提升安全性。

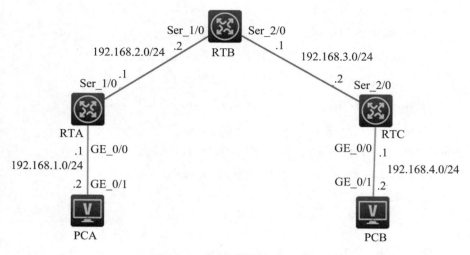

图 5.13　RIPv2 基础配置拓扑图

[RTA]rip

[RTA-rip-1]version 2　　　　　　　　*//指定 RIP 运行版本为 2（默认发 V1 版，*
收 V1，V2 版）

[RTA-rip-1]network 192.168.1.0 0.0.0.255　　*//宣告本地直连网段*

[RTA-rip-1]network 192.168.2.0 0.0.0.255

[RTB]rip

[RTB-rip-1]version 2

[RTB-rip-1]network 192.168.2.0 0.0.0.255

[RTB-rip-1]network 192.168.3.0 0.0.0.255

[RTB-rip-1]int s2/0

[RTB-Serial2/0]rip authentication-mode md5 rfc2453 plain 123　　*//启用*
RIP 验证功能，验证密码为 123

[RTC]rip

[RTC-rip-1]version 2

[RTC-rip-1]network 192.168.3.0

[RTC-rip-1]network 192.168.4.0

[RTC-rip-1]int s2/0

［RTC-Serial2/0］rip authentication-mode md5 rfc2453 plain 234

//启用 RIP 验证功能,验证密码为 123;如果 RTC 与 RTB 设置的密码不同,验证会出错,收到的 RIP 报文将视为无效不处理

＊H3C V7 软件平台的 RIP 配置视图支持 network 命令采用反掩码方式进行明细发布,V3 及 V5 软件平台不支持。

(3) 测试联通性。

PCA ping 192.168.3.1 通,PCA ping 192.168.3.2 不通。

说明 RTB 与 RTC 验证失败,导致 RTC 无法学习到 192.168.1.0/24 路由从而不通,修改 RTC 的验证密码与 RTB 一致后再观察。

［RTC］int s2/0

［RTC-Serial2/0］rip authentication-mode md5 rfc2453 plain 123

再次验证联通性,全网可以互访。

(4) 状态查看。

［RTA］dis rip//*查看 RIP 进程信息*

　Public VPN-instance name：

　　RIP process：1　　//*进程 1*

　　　RIP version：2//*版本 2*

　　　Preference：100

　　　Checkzero：Enabled

　　　Default cost：0

　　　Summary：Enabled

　　　Host routes：Enabled

　　　Maximum number of load balanced routes：6

　　　Update time：30 secs　Timeout time：180 secs//*计时器*

　　　Suppress time：120 secs　Garbage-collect time：120 secs

　　　Update output delay：20(ms)　Output count：3

　　　TRIP retransmit time：5(s)　Retransmit count：36

　　　Graceful-restart interval：60 secs

　　　Triggered Interval：5 50 200

　　　Silent interfaces：None

　　　Default routes：Disabled

　　　Verify-source：Enabled

Networks：

    192. 168. 1. 0   192. 168. 2. 0

Configured peers：None

Triggered updates sent：3

Number of routes changes：4

Number of replies to queries：1

[RTA]dis ip routing-table// *查看 IP 路由表*

Destinations：19   Routes：19

Destination/Mask	Proto	Pre	Cost	NextHop	Interface
0. 0. 0. 0/32	Direct	0	0	127. 0. 0. 1	InLoop0
127. 0. 0. 0/8	Direct	0	0	127. 0. 0. 1	InLoop0
127. 0. 0. 0/32	Direct	0	0	127. 0. 0. 1	InLoop0
127. 0. 0. 1/32	Direct	0	0	127. 0. 0. 1	InLoop0
127. 255. 255. 255/32	Direct	0	0	127. 0. 0. 1	InLoop0
192. 168. 1. 0/24	Direct	0	0	192. 168. 1. 1	GE0/0
192. 168. 1. 0/32	Direct	0	0	192. 168. 1. 1	GE0/0
192. 168. 1. 1/32	Direct	0	0	127. 0. 0. 1	InLoop0
192. 168. 1. 255/32	Direct	0	0	192. 168. 1. 1	GE0/0
192. 168. 2. 0/24	Direct	0	0	192. 168. 2. 1	Ser1/0
192. 168. 2. 0/32	Direct	0	0	192. 168. 2. 1	Ser1/0
192. 168. 2. 1/32	Direct	0	0	127. 0. 0. 1	InLoop0
192. 168. 2. 2/32	Direct	0	0	192. 168. 2. 2	Ser1/0
192. 168. 2. 255/32	Direct	0	0	192. 168. 2. 1	Ser1/0
192. 168. 3. 0/24	RIP	100	1	192. 168. 2. 2	Ser1/0
192. 168. 4. 0/24	RIP	100	2	192. 168. 2. 2	Ser1/0
224. 0. 0. 0/4	Direct	0	0	0. 0. 0. 0	NULL0
224. 0. 0. 0/24	Direct	0	0	0. 0. 0. 0	NULL0
255. 255. 255. 255/32	Direct	0	0	127. 0. 0. 1	InLoop0

* RIP 是一个非常依赖计时器工作的路由协议，了解计时器的作用对于学习

RIP 很重要。例如,有些场景调整参数后路由表项可能不会立刻刷新,需要等待计时器超时方可刷新。

5.7.2　思考

(1) 什么场景下才会用到 RIP 的路由超时时间?

(2) RTA 学习的 192.168.4.0/24,开销值(cost)为 2 是如何计算的?

5.8　RIP 路由引入

本仿真实验主要练习 RIP 路由协议的路由引入功能,实际应用场景中出于分区隔离管理的目的,我们经常将一个规模较大的路由网络分割成不同的路由管理区域。如图 5.14 所示,采用了 RIP 多进程将整个网络分割成两块路由管理区域,因为不同路由协议进程之间是隔离的关系,所以需要执行路由引入功能,实现不同路由协议或相同路由协议不同进程之间路由相互导入学习。

5.8.1　配置步骤

(1) 配置各设备端口 IP 地址(参考前文,步骤略)。

(2) 启用不同进程的 RIP 功能。

[RTA]rip 100

[RTA-rip-100]version 2

[RTA-rip-100]undo summary

[RTA-rip-100]network 192.168.1.1 0.0.0.0

[RTA-rip-100]network 10.1.1.10 0.0.0.0

[RTB]rip 100

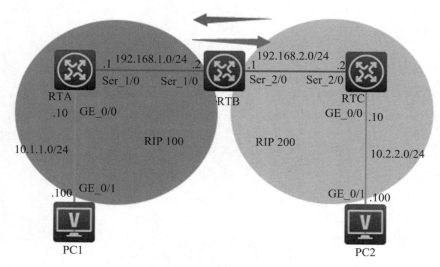

图 5.14　RIP 路由引入拓扑图

［RTB-rip-100］version 2

［RTB-rip-100］undo summary

［RTB-rip-100］network 192.168.1.2 0.0.0.0

［RTB-rip-100］quit

［RTB］rip 200

［RTB-rip-200］version 2

［RTB-rip-200］undo summary

［RTB-rip-200］network 192.168.2.1 0.0.0.0

［RTC］rip 200

［RTC-rip-200］version 2

［RTC-rip-200］undo summary

［RTC-rip-200］network 192.168.2.2 0.0.0.0

［RTC-rip-200］network 10.2.2.10 0.0.0.0

　＊配置 undo summary 是因为 RIP 版本 2 默认开启自动聚合功能,如不关闭,发布网段时会自动汇总成主类路由特征,导致路由信息学习不精确,项目中基本上都会关闭该功能而采用手工聚合的方式。

　(3)分别查看 RTA 和 RTC 路由器上的路由信息。

[RTA]dis ip routing-table

Destinations：17　　　Routes：17

Destination/Mask	Proto	Pre	Cost	NextHop	Interface
0. 0. 0. 0/32	Direct	0	0	127. 0. 0. 1	InLoop0
10. 1. 1. 0/24	Direct	0	0	10. 1. 1. 10	GE0/0
10. 1. 1. 0/32	Direct	0	0	10. 1. 1. 10	GE0/0
10. 1. 1. 10/32	Direct	0	0	127. 0. 0. 1	InLoop0
10. 1. 1. 255/32	Direct	0	0	10. 1. 1. 10	GE0/0
127. 0. 0. 0/8	Direct	0	0	127. 0. 0. 1	InLoop0
127. 0. 0. 0/32	Direct	0	0	127. 0. 0. 1	InLoop0
127. 0. 0. 1/32	Direct	0	0	127. 0. 0. 1	InLoop0
127. 255. 255. 255/32	Direct	0	0	127. 0. 0. 1	InLoop0
192. 168. 1. 0/24	Direct	0	0	192. 168. 1. 1	Ser1/0
192. 168. 1. 0/32	Direct	0	0	192. 168. 1. 1	Ser1/0
192. 168. 1. 1/32	Direct	0	0	127. 0. 0. 1	InLoop0
192. 168. 1. 2/32	Direct	0	0	192. 168. 1. 2	Ser1/0
192. 168. 1. 255/32	Direct	0	0	192. 168. 1. 1	Ser1/0
224. 0. 0. 0/4	Direct	0	0	0. 0. 0. 0	NULL0
224. 0. 0. 0/24	Direct	0	0	0. 0. 0. 0	NULL0
255. 255. 255. 255/32	Direct	0	0	127. 0. 0. 1	InLoop0

[RTC]dis ip routing-table

Destinations：17　　　Routes：17

Destination/Mask	Proto	Pre	Cost	NextHop	Interface
0. 0. 0. 0/32	Direct	0	0	127. 0. 0. 1	InLoop0
10. 2. 2. 0/24	Direct	0	0	10. 2. 2. 10	GE0/0
10. 2. 2. 0/32	Direct	0	0	10. 2. 2. 10	GE0/0
10. 2. 2. 10/32	Direct	0	0	127. 0. 0. 1	InLoop0

Destination/Mask	Proto	Pre	Cost	NextHop	Interface
10. 2. 2. 255/32	Direct	0	0	10. 2. 2. 10	GE0/0
127. 0. 0. 0/8	Direct	0	0	127. 0. 0. 1	InLoop0
127. 0. 0. 0/32	Direct	0	0	127. 0. 0. 1	InLoop0
127. 0. 0. 1/32	Direct	0	0	127. 0. 0. 1	InLoop0
127. 255. 255. 255/32	Direct	0	0	127. 0. 0. 1	InLoop0
192. 168. 2. 0/24	Direct	0	0	192. 168. 2. 2	Ser2/0
192. 168. 2. 0/32	Direct	0	0	192. 168. 2. 2	Ser2/0
192. 168. 2. 1/32	Direct	0	0	192. 168. 2. 1	Ser2/0
192. 168. 2. 2/32	Direct	0	0	127. 0. 0. 1	InLoop0
192. 168. 2. 255/32	Direct	0	0	192. 168. 2. 2	Ser2/0
224. 0. 0. 0/4	Direct	0	0	0. 0. 0. 0	NULL0
224. 0. 0. 0/24	Direct	0	0	0. 0. 0. 0	NULL0
255. 255. 255. 255/32	Direct	0	0	127. 0. 0. 1	InLoop0

不难发现在 RTA 和 RTC 路由器并未学习到对方的路由信息,验证了不同路由协议进程之间是具有隔离性的。

(4) 在路由器 RTB 上执行路由引入。

[RTB]rip 100

[RTB-rip-100]import-route rip 200 //在 RIP100 中引入 RIP200 路由信息

[RTB-rip-100]import-route direct　//在 RIP100 中引入直连路由

[RTB-rip-100]quit

[RTB]rip 200

[RTB-rip-200]import-route rip 100　//在 RIP200 中引入 RIP100 路由信息

[RTB-rip-200]import-route direct　//在 RIP200 中引入直连路由

[RTB-rip-200]quit

引入直连是为了实现全网互通,因为 RTB 不会将自身直连路由信息看作 RIP 路由注入给其他 RIP 进程。

(5) 再次分别查看 RTA 和 RTC 路由器上的路由信息。

[RTA]dis ip routing-table

Destinations:20　　Routes:20

Destination/Mask	Proto	Pre	Cost	NextHop	Interface

0. 0. 0. 0/32	Direct	0	0	127. 0. 0. 1	InLoop0
10. 1. 1. 0/24	Direct	0	0	10. 1. 1. 10	GE0/0
10. 1. 1. 0/32	Direct	0	0	10. 1. 1. 10	GE0/0
10. 1. 1. 10/32	Direct	0	0	127. 0. 0. 1	InLoop0
10. 1. 1. 255/32	Direct	0	0	10. 1. 1. 10	GE0/0
10. 2. 2. 0/24	RIP	100	1	192. 168. 1. 2	Ser1/0
127. 0. 0. 0/8	Direct	0	0	127. 0. 0. 1	InLoop0
127. 0. 0. 0/32	Direct	0	0	127. 0. 0. 1	InLoop0
127. 0. 0. 1/32	Direct	0	0	127. 0. 0. 1	InLoop0
127. 255. 255. 255/32	Direct	0	0	127. 0. 0. 1	InLoop0
192. 168. 1. 0/24	Direct	0	0	192. 168. 1. 1	Ser1/0
192. 168. 1. 0/32	Direct	0	0	192. 168. 1. 1	Ser1/0
192. 168. 1. 1/32	Direct	0	0	127. 0. 0. 1	InLoop0
192. 168. 1. 2/32	Direct	0	0	192. 168. 1. 2	Ser1/0
192. 168. 1. 255/32	Direct	0	0	192. 168. 1. 1	Ser1/0
192. 168. 2. 0/24	RIP	100	1	192. 168. 1. 2	Ser1/0
192. 168. 2. 2/32	RIP	100	1	192. 168. 1. 2	Ser1/0
224. 0. 0. 0/4	Direct	0	0	0. 0. 0. 0	NULL0
224. 0. 0. 0/24	Direct	0	0	0. 0. 0. 0	NULL0
255. 255. 255. 255/32	Direct	0	0	127. 0. 0. 1	InLoop0

［RTA］

［RTC］dis ip routing-table

Destinations：20　　　Routes：20

Destination/Mask	Proto	Pre	Cost	NextHop	Interface
0. 0. 0. 0/32	Direct	0	0	127. 0. 0. 1	InLoop0
10. 1. 1. 0/24	RIP	100	1	192. 168. 2. 1	Ser2/0
10. 2. 2. 0/24	Direct	0	0	10. 2. 2. 10	GE0/0
10. 2. 2. 0/32	Direct	0	0	10. 2. 2. 10	GE0/0
10. 2. 2. 10/32	Direct	0	0	127. 0. 0. 1	InLoop0

10.2.2.255/32	Direct	0	0	10.2.2.10	GE0/0
127.0.0.0/8	Direct	0	0	127.0.0.1	InLoop0
127.0.0.0/32	Direct	0	0	127.0.0.1	InLoop0
127.0.0.1/32	Direct	0	0	127.0.0.1	InLoop0
127.255.255.255/32	Direct	0	0	127.0.0.1	InLoop0
192.168.1.0/24	RIP	100	1	192.168.2.1	Ser2/0
192.168.1.1/32	RIP	100	1	192.168.2.1	Ser2/0
192.168.2.0/24	Direct	0	0	192.168.2.2	Ser2/0
192.168.2.0/32	Direct	0	0	192.168.2.2	Ser2/0
192.168.2.1/32	Direct	0	0	192.168.2.1	Ser2/0
192.168.2.2/32	Direct	0	0	127.0.0.1	InLoop0
192.168.2.255/32	Direct	0	0	192.168.2.2	Ser2/0
224.0.0.0/4	Direct	0	0	0.0.0.0	NULL0
224.0.0.0/24	Direct	0	0	0.0.0.0	NULL0
255.255.255.255/32	Direct	0	0	127.0.0.1	InLoop0

可以看到在 RTA 和 RTC 路由器中分别学习到了对方的路由信息,RTB 如不执行引入直连路由动作,此刻只会学习到双方连接 PC 的业务网段,在实际环境中根据需要决定是否需要引入直连路由。

5.8.2   思考题

(1) 引入时可以选择只引入部分路由吗?

(2) 引入进来的路由原始开销值(cost)会继承下来吗?

5.9   OSPF 单区域部署

本仿真实验主要练习如何使用 OSPF 单区域部署方式实现业务网段之间互访,会涉及 OSPF 相关基础配置命令的使用。如图 5.15 所示。

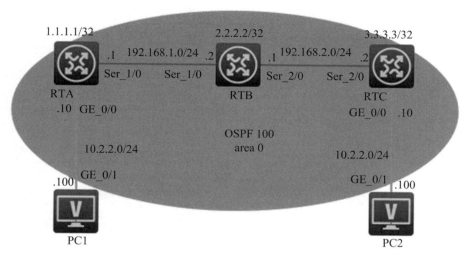

图 5.15　OSPF 单区域部署拓扑图

5.9.1　配置步骤

（1）配置各设备端口地址（参考前文，步骤略）。

（2）RTA、RTB、RTC 配置各接口启用 OSPF 功能。

[RTA] ospf 100 router-id 1.1.1.1　　*//创建 OSPF 进程 100 并指定设备 ID 标识为 1.1.1.1*

[RTA-ospf-100]area 0　*//创建 OSPF 区域 0*

[RTA-ospf-100-area-0.0.0.0]network 10.1.1.0 0.0.0.255　*//指定地址范围所属接口启用 OSPF*

[RTA-ospf-100-area-0.0.0.0]network 192.168.1.0 0.0.0.255

[RTA-ospf-100-area-0.0.0.0]network 1.1.1.1 0.0.0.0

[RTA-ospf-100-area-0.0.0.0]quit

[RTA-ospf-100]quit

[RTB]ospf 100 router-id 2.2.2.2

[RTB-ospf-100]area 0

[RTB-ospf-100-area-0.0.0.0]network 2.2.2.2 0.0.0.0

［RTB-ospf-100-area-0. 0. 0. 0］network 192. 168. 1. 0 0. 0. 0. 255

［RTB-ospf-100-area-0. 0. 0. 0］network 192. 168. 2. 0 0. 0. 0. 255

［RTB-ospf-100-area-0. 0. 0. 0］quit

［RTB-ospf-100］quit

［RTC］ospf 100　route id 3. 3. 3. 3

［RTC-ospf-100］area 0

［RTC-ospf-100-area-0. 0. 0. 0］network 192. 168. 2. 0 0. 0. 0. 255

［RTC-ospf-100-area-0. 0. 0. 0］network 10. 2. 2. 0 0. 0. 0. 255

［RTC-ospf-100-area-0. 0. 0. 0］network 3. 3. 3. 3 0. 0. 0. 0

［RTC-ospf-100-area-0. 0. 0. 0］quit

［RTC-ospf-100］quit

（3）查看路由信息（以 RTB 为例）。

〈RTB〉dis ospf peer //*显示 OSPF 邻居信息*

OSPF Process 100 with Router ID 2. 2. 2. 2

Neighbor Brief Information

Area：0. 0. 0. 0

Router ID	Address	Pri	Dead-Time	State	Interface
1. 1. 1. 1	192. 168. 1. 1	1	31	Full/ -	Ser1/0
3. 3. 3. 3	192. 168. 2. 2	1	40	Full/ -	Ser2/0

〈RTB〉dis ospf lsdb　　//*显示链路状态数据库（LSDB）信息*

OSPF Process 100 with Router ID 2. 2. 2. 2

Link State Database

Area：0. 0. 0. 0

Type	LinkState ID	AdvRouter	Age	Len	Sequence	Metric
Router	3. 3. 3. 3	3. 3. 3. 3	881	72	8000000B	0
Router	1. 1. 1. 1	1. 1. 1. 1	910	72	8000000C	0
Router	2. 2. 2. 2	2. 2. 2. 2	880	84	8000000A	0

〈RTB〉dis ospf routing　　*//显示 OSPF 路由信息*

OSPF Process 100 with Router ID 2.2.2.2
Routing Table

Routing for network

Destination Cost	Type	NextHop	AdvRouter	Area	
10.2.2.0/24	1563	Stub	192.168.2.2	3.3.3.3	0.0.0.0
3.3.3.3/32	1562	Stub	192.168.2.2	3.3.3.3	0.0.0.0
2.2.2.2/32	0	Stub	0.0.0.0	2.2.2.2	0.0.0.0
10.1.1.0/24	1563	Stub	192.168.1.1	1.1.1.1	0.0.0.0
1.1.1.1/32	1562	Stub	192.168.1.1	1.1.1.1	0.0.0.0
192.168.1.0/24	1562	Stub	0.0.0.0	2.2.2.2	0.0.0.0
192.168.2.0/24	1562	Stub	0.0.0.0	2.2.2.2	0.0.0.0

Total nets：7

Intra area：7　 Inter area：0　 ASE：0　 NSSA：0

（4）测试联通性。

〈PC1〉ping 10.2.2.100

Ping 10.2.2.100 (10.2.2.100) 8 56 data bytes，press CTRL C to break

56 bytes from 10.2.2.1008 icmp seg＝0 ttl＝252 time＝3.760 ms

56 bytes from 10.2.2.100：icmp seg＝1 ttl＝252 time＝2.676 ms

56 bytes from 10.2.2.100：icmp seg＝2 ttl＝252 time＝2.611 ms

56 bytes from 10.2.2.100：icnp seg＝3 ttl＝252 time＝1.946 ms

56 bytes from 10.2.2.100：icnp seg＝4 ttl＝252 time＝2.068 ms

5.9.2　思考

（1）哪些原因会导致 OSPF 邻居关系无法进入 FULL 状态？

（2）如果网络规模大、设备多、路由多，单区域部署会有什么问题？

5.10 OSPF 多区域部署

本仿真实验主要练习如何部署多区域 OSPF,涉及多区域配置方式以及 OSPF 常用优化配置。如图 5.16 所示。

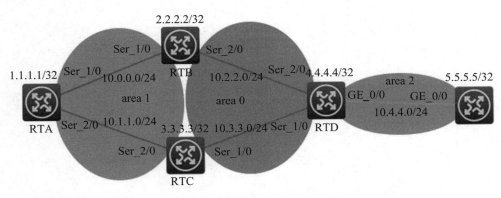

图 5.16　OSPF 多区域部署拓扑图

5.10.1　配置步骤

(1) 配置各设备端口地址(参考前文,步骤略)。

(2) 配置各设备接口在所属区域启用 OSPF 功能。

[RTA]route id 1.1.1.1//*全局指定 OSPF 路由器 ID*

[RTA]ospf 100

[RTA-ospf-100]area 1

[RTA-ospf-100-area-0.0.0.1]network 1.1.1.1 0.0.0.0 //*发布 loopback0 口路由信息*

[RTA-ospf-100-area-0.0.0.1]net 10.0.0.0 0.0.0.255

[RTA-ospf-100-area-0.0.0.1]net 10.1.1.0 0.0.0.255

［RTA-ospf-100-area-0. 0. 0. 1］quit

［RTA-ospf-100］

［RTB］route id 2. 2. 2. 2

［RTB］ospf 100

［RTB-ospf-100］area 1

［RTB-ospf-100-area-0. 0. 0. 1］network 10. 0. 0. 0 0. 0. 0. 255

［RTB-ospf-100-area-0. 0. 0. 1］quit

［RTB-ospf-100］area 0

［RTB-ospf-100-area-0. 0. 0. 0］network 10. 2. 2. 0 0. 0. 0. 255

［RTB-ospf-100-area-0. 0. 0. 0］network2. 2. 2. 2 0. 0. 0. 0

［RTB-ospf-100-area-0. 0. 0. 0］quit

［RTB-ospf-100］

［RTC］route id 3. 3. 3. 3

［RTC］ospf 100

［RTC-ospf-100］area 1

［RTC-ospf-100-area-0. 0. 0. 1］network 10. 1. 1. 0 0. 0. 0. 255

［RTC-ospf-100-area-0. 0. 0. 1］network3. 3. 3. 3 0. 0. 0. 0

［RTC-ospf-100-area-0. 0. 0. 1］quit

［RTC-ospf-100］area 0

［RTC-ospf-100-area-0. 0. 0. 0］network 10. 3. 3. 0 0. 0. 0. 255

［RTC-ospf-100-area-0. 0. 0. 0］quit

［RTC-ospf-100］

［RTD］route id 4. 4. 4. 4

［RTD］ospf 100

［RTD-ospf-100］area 0

［RTD-ospf-100-area-0. 0. 0. 0］network 4. 4. 4. 4 0. 0. 0. 0

［RTD-ospf-100-area-0. 0. 0. 0］network 10. 2. 2. 0 0. 0. 0. 255

［RTD-ospf-100-area-0. 0. 0. 0］network 10. 3. 3. 0 0. 0. 0. 255

［RTD-ospf-100-area-0. 0. 0. 0］quit

［RTD-ospf-100］area 2

［RTD-ospf-100-area-0. 0. 0. 2］network 10. 4. 4. 0 0. 0. 0. 255

［RTD-ospf-100-area-0. 0. 0. 2］quit

［RTD-ospf-100］

［RTE］route id 5. 5. 5. 5

［RTE］ospf 100

［RTE-ospf-100］area 2

［RTE-ospf-100-area-0. 0. 0. 2］network 10. 4. 4. 0 0. 0. 0. 255

［RTE-ospf-100-area-0. 0. 0. 2］network 5. 5. 5. 5 0. 0. 0. 0

［RTE-ospf-100-area-0. 0. 0. 2］quit

［RTE-ospf-100］

（3）配置 OSPF 优化（以 RTD 为例）。

［RTD］ interface serial 1/0

［RTD-Serial1/0］ospf timer hello 5　　*//调整接口 OPSF 的 Hello 包发送周期加快间接故障收敛*

［RTD-Serial1/0］interface serial 2/0

［RTD-Serial2/0］ospf timer hello 5

［RTD］interface gigabitethernet 1/0/1

［RTD-GigabitEthernet1/0/1］ospf network-type p2p　　*//调整接口网络类型为 P2P 加快邻接关系建立*

＊Hello 发送间隔时间与网络类型两端必须保持一致，否则会导致邻居邻接关系无法建立。

（4）查看 RTA 与 RTE 上 OSPF 路由表、链路状态数据库信息（参考前文，步骤略）。

（5）测试 RTA 访问 RTE 上目标 IP：5. 5. 5. 5。

〈RTA〉ping 5. 5. 5. 5

Ping 5. 5. 5. 5 (5. 5. 5. 5)：56 data bytes，press CTRL C to break

56 bytes from 5. 5. 5. 5：icmp seg＝0 ttl－253 time＝3. 000 ms

56 bytes from 5. 5. 5. 5：icmp seg＝1 ttl＝253 time＝2. 000 ms

56 bytes from 5. 5. 5. 5：icmp seg＝2 ttl＝253 time＝1. 000 ms

56 bytes from 5. 5. 5. 5：icmp seg＝3 ttl＝253 time＝1. 000 ms

56 bytes from 5. 5. 5. 5：icmp seg＝4 ttl＝253 time＝1. 000 ms

OSPF 这款路由协议因其设计严谨、适应场景丰富,如今不论是在企业网还是在运营商网络中都得到大规模的应用,值得大家深入研究。本次实验内容较为简单,如想进一步学习掌握更多 OSPF 高级功能,要多从 OSPF 提出的 LSA、LSDB、SPF 算法、特殊区域、虚连接、伪连接等实现角度入手进行深度学习。

5.10.2　思考

(1) 如果将本实验中 area 0 与 area 1 区域互换会导致什么问题?

(2) 如何通过修改 OSPF 开销值实现本实验中 RTA 访问 5.5.5.5 优先走 RTA-RTB-RTD-RTE,且来回路径保持一致?

5.11　RIP、OSPF 多协议部署

本仿真实验主要练习不同路由协议之间如何执行路由引入实现互访的需求,以及如何使用 RIP 手工聚合功能对引入路由执行聚合,从而减少 RIP 路由域中的路由条目。如图 5.17 所示。

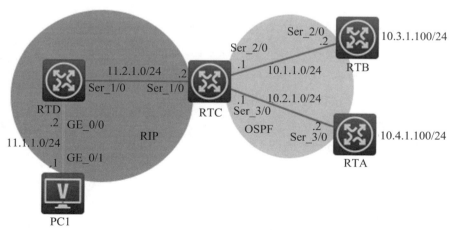

图 5.17　RIP、OSPF 多协议部署拓扑图

5.11.1 配置步骤

（1）配置各设备端口地址，RTB、RTA 上业务网段由 loopback0 接口模拟（参考前文，步骤略）。

（2）配置各设备接口启用 OSPF 功能。

[RTB]ospf 100

[RTB-ospf-100]area 0

[RTB-ospf-100-area-0. 0. 0. 0]network 10. 3. 1. 100 0. 0. 0. 0

[RTB-ospf-100-area-0. 0. 0. 0]network 10. 1. 1. 0 0. 0. 0. 255

[RTB-ospf-100-area-0. 0. 0. 0]quit

[RTA]ospf 100

[RTA-ospf-100]area 0

[RTA-ospf-100-area-0. 0. 0. 0]network 10. 4. 1. 100 0. 0. 0. 0

[RTA-ospf-100-area-0. 0. 0. 0]network 10. 2. 1. 0 0. 0. 0. 255

[RTA-ospf-100-area-0. 0. 0. 0]quit

[RTC]ospf 100

[RTC-ospf-100]area 0

[RTC-ospf-100-area-0. 0. 0. 0]network 10. 1. 1. 0 0. 0. 0. 255

[RTC-ospf-100-area-0. 0. 0. 0]network 10. 2. 1. 0 0. 0. 0. 255

[RTC-ospf-100-area-0. 0. 0. 0]quit

（3）配置各设备接口启用 RIP 功能。

[RTC-ospf-100]rip

[RTC-rip-1]version 2

[RTC-rip-1]undo summary

[RTC-rip-1]net 11. 2. 1. 0 0. 0. 0. 255

[RTD]rip

[RTD-rip-1]version 2

〔RTD-rip-1〕undo summary

〔RTD-rip-1〕network 11. 1. 1. 0 0. 0. 0. 255

〔RTD-rip-1〕network 11. 2. 1. 0 0. 0. 0. 255

（4）RTC 配置 RIP 引入 OSPF。

〔RTC〕rip

〔RTC-rip-1〕import-route direct

〔RTC-rip-1〕import-route ospf 100

（5）RTD 查看 IP 路由表。

〔RTD〕dis ip routing-table

Destinations：23　　　Routes：23

Destination/Mask	Proto	Pre	Cost	NextHop	Interface
0. 0. 0. 0/32	Direct	0	0	127. 0. 0. 1	InLoop0
10. 1. 1. 0/24	RIP	100	1	11. 2. 1. 2	Ser1/0
10. 1. 1. 2/32	RIP	100	1	11. 2. 1. 2	Ser1/0
10. 2. 1. 0/24	RIP	100	1	11. 2. 1. 2	Ser1/0
10. 2. 1. 2/32	RIP	100	1	11. 2. 1. 2	Ser1/0
10. 3. 1. 100/32	RIP	100	1	11. 2. 1. 2	Ser1/0
10. 4. 1. 100/32	RIP	100	1	11. 2. 1. 2	Ser1/0
11. 1. 1. 0/24	Direct	0	0	11. 1. 1. 2	GE0/0
11. 1. 1. 0/32	Direct	0	0	11. 1. 1. 2	GE0/0

...

可以看到 RTD 中已获得从 OSPF 引入的路由信息。

（6）RTC 配置 OSPF 引入 RIP。

〔RTC〕ospf 100

〔RTC-ospf-100〕import-route direct

〔RTC-ospf-100〕import-route rip 1

（7）RTB 查看 IP 路由表。

〔RTB〕dis ip routing-table

Destinations：23　　　Routes：23

Destination/Mask	Proto	Pre	Cost	NextHop	Interface
0. 0. 0. 0/32	Direct	0	0	127. 0. 0. 1	InLoop0
10. 1. 1. 0/24	Direct	0	0	10. 1. 1. 2	Ser1/0

10. 1. 1. 0/32	Direct	0	0	10. 1. 1. 2	Ser1/0
10. 1. 1. 1/32	Direct	0	0	10. 1. 1. 1	Ser1/0
10. 1. 1. 2/32	Direct	0	0	127. 0. 0. 1	InLoop0
10. 1. 1. 255/32	Direct	0	0	10. 1. 1. 2	Ser1/0
10. 2. 1. 0/24	O_INTRA	10	3124	10. 1. 1. 1	Ser1/0
10. 2. 1. 2/32	O_ASE2	150	1	10. 1. 1. 1	Ser1/0
10. 3. 1. 0/24	Direct	0	0	10. 3. 1. 100	Loop1
10. 3. 1. 0/32	Direct	0	0	10. 3. 1. 100	Loop1
10. 3. 1. 100/32	Direct	0	0	127. 0. 0. 1	InLoop0
10. 3. 1. 255/32	Direct	0	0	10. 3. 1. 100	Loop1
10. 4. 1. 100/32	O_INTRA	10	3124	10. 1. 1. 1	Ser1/0
11. 1. 1. 0/24	O_ASE2	150	1	10. 1. 1. 1	Ser1/0
11. 2. 1. 0/24	O_ASE2	150	1	10. 1. 1. 1	Ser1/0
11. 2. 1. 1/32	O_ASE2	150	1	10. 1. 1. 1	Ser1/0
127. 0. 0. 0/8	Direct	0	0	127. 0. 0. 1	InLoop0

...

可以看到 RTB 中已获得从 RIP 引入进来的路由信息。

(8) 在 RTC 上配置 RIP 路由聚合,使得 RTD 学习的引入路由条目更加精简。

[RTC]int s1/0

[RTC-Serial1/0]rip summary-address 10. 0. 0. 0 8

[RTD]dis ip routing-table

Destinations：18　　　Routes：18

Destination/Mask	Proto	Pre	Cost	NextHop	Interface
0. 0. 0. 0/32	Direct	0	0	127. 0. 0. 1	InLoop0
10. 0. 0. 0/8	RIP	100	1	11. 2. 1. 2	Ser1/0
11. 1. 1. 0/24	Direct	0	0	11. 1. 1. 2	GE0/0
11. 1. 1. 0/32	Direct	0	0	11. 1. 1. 2	GE0/0

...

RIP 这款路由协议已经存在几十年(1982 年提出)之久,随着这些年其他优秀路由协议(OSPF、IS-IS、BGP)不断涌现和使用推广,如今现网中已经很少出现 RIP

的身影了,往往都是一些建设比较古老的网络还在使用,因为还没有完全切换到新的路由协议上来。但是从学习者的角度来看,如今学习 RIP 虽没有过多实用价值,但是对后续学习更加精深的路由协议还是打下了一定基础,毕竟实现的大概思想是一致的,也能让学习者对路由协议的发展有个清晰的脉络认知。

5.11.2　思考

(1) RTC 上配置的 RIP 路由聚合可以精确聚合到什么范围?

(2) OSPF 为什么对引入路由的优先级默认设置为 150?

5.12　配置 ACL 包过滤功能

本仿真实验主要练习如何利用 ACL(访问控制列表)结合包过滤功能实现网络互访限制,理解并掌握 ACL 的分类和配置,以及注意事项。如图 5.18 所示。

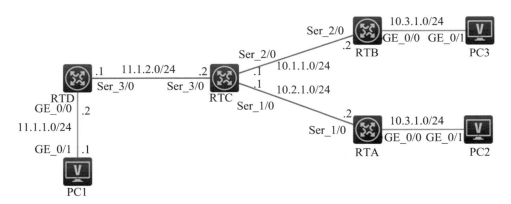

图 5.18　ACL 配置拓扑图

5.12.1 配置步骤

(1) 配置各设备接口 IP 及路由,使得全网络联通,并测试 PC 之间是否联通
(参考前文,步骤略)。

(2) 配置 ACL 包过滤,实现如下功能:

配置基础 ACL,实现禁止 11.1.1.0/24 网段中的任何 IP 访问 RTB 接口及其
下连的设备。

[RTC]acl basic name acl1   *//创建基础 ACL*

[RTC-acl-ipv4-basic-acl1]rule ?   *//选择规则类型*

INTEGER⟨0-65534⟩	ID of an ACL rule
deny	Specify matched packet deny
permit	Specify matched packet permit

[RTC-acl-ipv4-basic-acl1]rule deny ?

counting	Specify rule counting
fragment	Check fragment packet
logging	Enable ACL match event logging
source	Specify a source address
time-range	Specify a special time
vpn-instance	Specify VPN-Instance
⟨cr⟩	

[RTC-acl-ipv4-basic-acl1]rule deny source 11.1.1.0 0.0.0.255   *//禁止*
11.1.1.0/24

[RTC-acl-ipv4-basic-acl1]quit

[RTC]int s2/0

[RTC-Serial2/0]packet-filter?

INTEGER⟨2000-2999⟩	Basic ACL number
INTEGER⟨3000-3999⟩	Advanced ACL number
default	Default action

ipv6	Specify an IPv6 ACL
mac	Specify a Layer 2 ACL
name	Specify an ACL by its name

[RTC-Serial2/0]packet-filter name acl1?　　*//选择应用方向*

inbound　　Inbound direction

outbound　　Outbound direction

[RTC-Serial2/0]packet-filter name acl1 outbound　　*//绑定到接口 Serial2/0
的出方向*

测试步骤略。此需求因为限定了采用基础 ACL,所以只能基于源地址范围控制,使得策略只能尽量靠近目标地址范围进行应用,才能不影响正常合规流量的转发。

配置 ACL,实现 PC1 可以 ping 通 RTA 的 loopback1 接口(10.4.1.100),但不能 ping 通 RTA 的 s2/0 接口。

[RTD]acl advanced name acl2　　*//创建高级 ACL*

[RTD-acl-ipv4-adv-acl2]rule deny?　　*//选择禁止的协议类型*

INTEGER〈0-255〉　　Protocol number

gre	GRE tunneling（47）
icmp	Internet Control Message Protocol（1）
igmp	Internet Group Management Protocol（2）
ip	Any IP protocol
ipinip	IP in IP tunneling（4）
ospf	OSPF routing protocol（89）
tcp	Transmission Control Protocol（6）
udp	User Datagram Protocol（17）

[RTD-acl-ipv4-adv-acl2]rule deny icmp source 11.1.1.1 0.0.0.0 destination
10.2.1.2 0.0.0.0　　*//选择 icmp,并指定源和目的均为主机*

[RTD-acl-ipv4-adv-acl2]quit

[RTD]int g0/0

[RTD-GigabitEthernet0/0]packet-filter name acl2 inbound　　*//绑定接口的*

人方向

测试步骤略。此需求因为涉及具体协议控制且明确了源地址和目的地址范围，所以采用高级 ACL 实现，并且可以将策略尽量靠近源地址范围进行应用，避免了不必要的流量转发。

* 包过滤功能其实是第一代防火墙实现的功能，而不是 ACL 本身的功能。而随着技术的不断演进，包过滤功能也都集成到了路由交换等设备上。如今现网中，还会有很多场合因客户未部署专业防火墙设备而采用路由交换设备上的包过滤技术实现封攻击端口、封攻击 IP 等互访控制。但若是遇到复杂的安全需求场景还是要建议客户购买专业的防火墙设备。

5.12.2 思考

（1）如果上述需求配置仅配置 deny（拒绝）策略，而没有任何 permit（允许）策略，那么其他流量能够被放行吗？

（2）你了解什么是 NGFW（下一代防火墙）吗？

5.13 NAT 功能配置

本仿真实验主要练习 NAT（网络地址转换）功能，理解并掌握常见的 NAT 配置方式对应的使用场景。如图 5.19 所示。

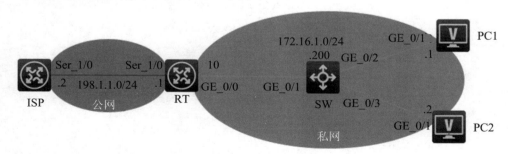

图 5.19 NAT 功能配置拓扑图

5.13.1 配置步骤

（1）配置图中各设备 IP，RT 设备配置默认路由指向 ISP，ISP 不做任何路由配置（参考前文，步骤略）。

（2）配置 Static NAT 实现一个私网 IP 与一个公网 IP 完整的一对一双向映射。

［RT］nat static outbound 172.16.1.1 198.1.1.101　　*//静态地址转换内外地址绑定*

［RT］nat static outbound 172.16.1.2 198.1.1.102　　*//静态地址转换内外地址绑定*

［RT］int s1/0

［RT-Serial1/0］nat static enable　　*//接口开启 nat static 功能*

［RT-Serial1/0］quit

PC1 ping 198.1.1.2 *步骤略*

［RT］dis nat static　　*//查看静态地址转换信息*

Static NAT mappings：

　Totally 2 outbound static NAT mappings.

　IP-to-IP：

　　Local IP：172.16.1.1

　　Global IP：198.1.1.101

　　Config status：Active

　IP-to-IP：

　　Local IP：172.16.1.2

　　Global IP：198.1.1.102

　　Config status：Active

Interfaces enabled with static NAT：

　Totally 1 interfaces enabled with static NAT.

　Interface：Serial1/0

Config status：Active

［RT］dis nat session verbose　　　*//查看转换会话详细信息*

Slot 0：

Initiator：

　　Source IP/port：172. 16. 1. 1/49920

　　Destination IP/port：198. 1. 1. 2/2048

　　DS-Lite tunnel peer：-

　　VPN instance/VLAN ID/VLL ID：-/-/-

　　Protocol：ICMP(1)

　　Inbound interface：GigabitEthernet0/0

Responder：

　　Source　　　　IP/port：198. 1. 1. 2/49920

　　Destination IP/port：198. 1. 1. 101/0

　　DS-Lite tunnel peer：-

　　VPN instance/VLAN ID/VLL ID：-/-/-

　　Protocol：ICMP(1)

　　Inbound interface：Serial1/0

…

Static NAT 适用于客户私网服务器对外提供服务的端口，具有随机性，或需要将整个服务器 IP 都映射至公网时使用。

（3）配置 Basic NAT 实现私网 IP 与公网 IP 动态一对一单向转换。

先还原实验环境：

［RT］undo nat static outbound 172. 16. 1. 1　　　*//删除 nat 绑定*

［RT］undo nat static outbound 172. 16. 1. 2　　　*//删除 nat 绑定*

［RT］int s1/0

［RT-Serial1/0］undo nat static enable　　　　*//关闭接口 nat static 使能*

［RT］acl basic 2000　　　　　*//创建允许转换的地址范围*

［RT-acl-ipv4-basic-2000］rule permit source 172. 16. 1. 0 0. 0. 0. 255

［RT-acl-ipv4-basic-2000］quit

［RT］nat address-group 0　　　　*//创建公网地址池，将动态分配给私网主机使用*

[RT-address-group-0]address 198. 1. 1. 11 198. 1. 1. 20

[RT-address-group-0]quit

[RT]int s1/0

[RT-Serial1/0]nat outbound ?

    INTEGER〈2000-3999〉　Use an ACL to specify the addresses to be translated

    address-group　　　　Specify a NAT address group

    ds-lite-b4　　　　　　Configure NAT for DS-Lite B4

    port-block-group　　　Specify a NAT port block group

    port-preserved　　　　Attempt to preserve the original source port number
during PAT

    vpn-instance　　　　　Specify a VPN instance

    〈cr〉

[RT-Serial1/0]nat outbound 2000 address-group 0?

    no-pat　　　　　　　Disable Port Address Translation（PAT）

    port-preserved　　　Attempt to preserve the original source port number
during PAT

    vpn-instance　　　　Specify a VPN instance

    〈cr〉

[RT-Serial1/0]nat outbound 2000 address-group 0 no-pat　//*端口出方向启
用 Basic NAT*

PC1 ping 198. 1. 1. 2 步骤略

[RT]dis nat session verbose　//*查看 nat 会话详细信息*

Slot 0：

Initiator：

    Source IP/port：172. 16. 1. 1/50688

    Destination IP/port：198. 1. 1. 2/2048

    DS-Lite tunnel peer：-

    VPN instance/VLAN ID/VLL ID：-/-/-

Protocol：ICMP（1）

Inbound interface：GigabitEthernet0/0

Responder：

Source IP/port：198.1.1.2/50688

Destination IP/port：198.1.1.11/0

DS-Lite tunnel peer：-

VPN instance/VLAN ID/VLL ID：-/-/-

Protocol：ICMP（1）

Inbound interface：Serial1/0

...

Basic NAT 作为第一种 NAT 功能实现仅能做到私网 IP 与公网 IP 的一对一单向转换，10 个私网 IP 同时访问公网 IP 时，就需要同等消耗 10 个公网 IP，超出地址池资源时则无法访问。该方式无法解决公网 IPv4 地址资源短缺问题，所以后来提出了 NAPT（网络地址端口转换）技术实现了公网 IP 地址的复用转换方式。

（4）配置 NAPT 实现私网 IP 与公网 IP 动态多对一单向转换。

先还原实验环境：

［RT］int s1/0

［RT-Serial1/0］undo nat outbound 2000　　*//删除 nat 绑定*

［RT-Serial1/0］quit

［RT］undo nat address-group 0　　*//删除 nat 地址池，注意没有删除允许转换的私网地址*

［RT］nat address-group 0　　*//重新创建公网地址池，注意地址数量仅为 1 个*

［RT-address-group-0］add 198.1.1.6 198.1.1.6

［RT-address-group-0］quit

［RT］int s1/0

［RT-Serial1/0］nat outbound 2000 address-group 0　　*//注意与上例的区别，无 no-pat 参数（no-pat：即不使用端口地址转换的意思）*

［RT-Serial1/0］

PC1、PC2 同时 ping 198.1.1.2，步骤略

［RT］dis nat session verbose

Slot 0：

Initiator：

　　Source IP/port：172. 16. 1. 2/46592

　　Destination IP/port：198. 1. 1. 2/2048

　　DS-Lite tunnel peer：-

　　VPN instance/VLAN ID/VLL ID：-/-/-

　　Protocol：ICMP(1)

　　Inbound interface：GigabitEthernet0/0

Responder：

　　Source IP/port：198. 1. 1. 2/3

　　Destination IP/port：198. 1. 1. 6/0

　　DS-Lite tunnel peer：-

　　VPN instance/VLAN ID/VLL ID：-/-/-

　　Protocol：ICMP(1)

　　Inbound interface：Serial1/0

State：ICMP_REPLY

Application：OTHER

Start time：2015-05-26 11:12:50　　TTL：26s

Initiator->Responder：　　　　　　　0 packets　　　　　0 bytes

Responder->Initiator：　　　　　　　0 packets　　　　　0 bytes

Initiator：

　　Source IP/port：172. 16. 1. 1/51712

　　Destination IP/port：198. 1. 1. 2/2048

　　DS-Lite tunnel peer：-

　　VPN instance/VLAN ID/VLL ID：-/-/-

　　Protocol：ICMP(1)

　　Inbound interface：GigabitEthernet0/0

Responder：

　　Source IP/port：198. 1. 1. 2/2

　　Destination IP/port：198. 1. 1. 6/0

DS-Lite tunnel peer：-

VPN instance/VLAN ID/VLL ID：-/-/-

Protocol：ICMP(1)

Inbound interface：Serial1/0

State：ICMP_REPLY

Application：OTHER

Start time：2015-05-26 11：12：39　TTL：15s

Initiator->Responder：	0 packets	0 bytes
Responder->Initiator：	0 packets	0 bytes

Total sessions found：2

从上面两条转换会话可以看出，pc1、pc2 均转换为 198.1.1.6 地址。NAPT
方式适用于客户公网 IP 地址长期固定且可以预知的使用场景。

（5）配置 Easy IP 实现私网 IP 与公网 IP 动态多对一单向转换。

先还原实验环境：

[RT]int s1/0

[RT-Serial1/0]undo nat outbound 2000　　//删除 nat 绑定

[RT-Serial1/0]quit

[RT]undo nat address-group 0　　　//删除 nat 地址池

[RT]int s1/0

[RT-Serial1/0]nat outbound 2000　　//注意没有调用公网地址池

Easy IP 方式的 NAT 应用场景非常广泛，因为其不要求提供明确的公网地址
范围，非常适用于客户公网 IP 地址不固定的使用场景，例如宽带拨号上网、DHCP
自动获取上网场景等。

　　*其实 H3C 厂商设备还支持一种极简的 Easy IP 配置方式，即接口下只配置
nat outbound ，该方式即表示任意源 IP 都执行 NAT 转换动作，因不够严谨可视情
况酌情使用。

（6）NAT Server 实现私网 IP 与公网 IP 多对一单向转换。

假设需要从公网远程管理私网中的 SW，为 SW 配置 Telnet Server 功能。

//在 PC1 中作如下配置，方便验证：

[SW]telnet server enable　　//开启 telnet server

［SW］local-user aaa　　　　*//创建用户*

［SW-luser-manage-aaa］password simple aaa*//设置账户登录密码*

［SW-luser-manage-aaa］service-type telnet　*//设置账户服务类型*

［SW-luser-manage-aaa］quit

［SW］user-interface vty 0 4

［SW-line-vty0-4］authentication-mode scheme　　*//设置远程管理登录认证模式*

［SW-line-vty0-4］quit

［RT］int s1/0

［RT-Serial1/0］nat server protocol tcp global 198. 1. 1. 126 telnet inside 172. 16. 1. 200 telnet

测试 ISP 模拟公网设备上登录 SW 设备,成功。

〈H3C〉telnet 198. 1. 1. 126

Trying 198. 1. 1. 126 …

Pres3 CTRL＋K to abort

Connected to 198. 1. 1. 126 …

＊ ＊

＊ Copyright (c) 2004-2014 Hangzhou H3C Tech. Co.. Ltd. A11 rights reserved. ＊

＊ Without the owner! 3 prior wri tten consent, 　　　　　　　　　　 ＊

＊ no decompil ing or reverse-engineering shall be allowed. 　　　 ＊

＊ ＊

login：aaa

Password：

5. 13. 2　思考

(1) 客户场景部署 NAT Server 功能后验证失败,可能是哪些原因导致的?

(2) 若私网用户希望通过私网 IP 访问公网某台服务器,该如何实现?

5.14　配置 PPP 认证

本仿真实验主要练习 PPP 协议认证功能的各种配置方式,掌握 PPP 协议链路建立过程和 PPP 链路状态查看方式。如图 5.20 所示。

图 5.20　配置 PPP 认证拓扑图

5.14.1　配置步骤

(1) 按照上图配置各设备 IP 地址(参考前文,步骤略)。

(2) 配置 PAP 认证,PAP 采用两次握手完成认证动作,由被认证方主动发起。

本实验采用本地 AAA 认证,所以主认证方设备在本地配置认证用户名和密码,被认证方采用明文的方式传递用户名和密码至主认证方完成认证。

〈PRT〉sys

[PRT]local-user aaa class ?

　　manage　　Device management user

　　network　　Network access user

[PRT]local-user aaa class network　　*//创建被认证的认证用户为 aaa,注意类型为 network*

[PRT-luser-network-aaa]service-type ?

　　advpn　　　　ADVPN service

　　ipoe　　　　IPOE service

　　lan-access　　LAN access service

portal	Portal service
ppp	PPP service
sslvpn	SSL VPN service

[PRT-luser-network-aaa]service-type ppp　　*//服务类型为 PPP*

[PRT-luser-network-aaa]password simple aaa

[PRT-luser-network-aaa]quit

[PRT]int s1/0

[PRT-Serial1/0]link-protocol ppp　　*//设置链路协议类型（H3C 设备串口链路层协议默认为 PPP）*

[PRT-Serial1/0]ppp authentication-mode pap　　*//设置接口启用 pap 认证并作为主认证方*

[PRT-Serial1/0]shutdown　　*//重启接口激活 PPP 认证功能，并测试网络是否联通*

[PRT-Serial1/0]undo shutdown

重启链路后，用 PC ping 192.168.2.1，会发现不通，因为此时 PPP 链认证失败。（步骤反馈略）

[BRT]int s1/0

[BRT-Serial1/0]link-protocol ppp

[BRT-Serial1/0]ppp pap local-user aaa password simple aaa　　*//设置认证账户和密码*

[BRT-Serial1/0]%May 31 09：50：50：929 2015 BRT IFNET/5/LINK_UP-DOWN：Line protocol state on the interface Serial1/0 changed to up.

//稍等片刻，注意观察到上面链路协议状态为 UP 后，会发现 PC 再次测试联通性恢复，认证成功。

（3）CHAP 认证，CHAP 采用三次握手完成认证动作，由主认证方主动发起。

CHAP 认证根据被认证方提取密码方式又细分为两种配置方式：

① 被认证方采用本地用户密码。

② 被认证方式采用接口 CHAP 密码。

CHAP 相比 PAP 最大的改进之处在于避免认证密码信息明文传递容易被窥探的问题。CHAP 利用了 HASH（散列函数）类算法特征，将需要传递的密码信息进行了安全处理，这样就可以避免密码信息被恶意窥探了。

先恢复实验环境：

[PRT]undo local-user all　　*//清除账户*

[PRT]dis local-user

Total 0 local users matched.

[PRT]int s1/0

[PRT-Serial1/0]undo ppp authentication-mode　　*//清除主认证方认证配置*

[PRT-Serial1/0]dis this

#

interface Serial1/0

ip address 192.168.2.1 255.255.255.0

#

[BRT-Serial1/0]undo ppp pap local-user　　*//清除被认证方认证配置*

▶被认证方采用本地用户密码配置方式

〈PRT〉sys

[PRT]local-user aaa class network　　*//创建认证用户信息，类型为 network*

[PRT-luser-network-aaa]service-type ppp

[PRT-luser-network-aaa]password simple aaa

[PRT-luser-network-aaa]quit

[PRT]int s1/0

[PRT-Serial1/0]link-protocol ppp　　　　*//配置链路协议*

[PRT-Serial1/0]ppp authentication-mode chap　　*//设置认证模式为 chap*

[PRT-Serial1/0]ppp chap userbbb　　*//配置发送 chap 认证的用户名(默认为 sysname)*

[PRT-Serial1/0]shutdown　　*//重启接口激活 PPP 认证功能,并测试网络是否联通*

[PRT-Serial1/0]undo shutdown

重启链路后,用 PC ping 192.168.2.1,会发现不通,因为此时 PPP 链路认证失败。(步骤反馈略)

[BRT]local-userbbb class network *//被认证方同样配置账户,密码和主认证方一致*

［BRT-luser-network-aaa］service-type ppp

［BRT-luser-network-aaa］password simple aaa

［BRT-luser-network-aaa］quit

［BRT］int s1/0

［BRT-Serial1/0］ppp chap user aaa　　 *//配置 chap 认证用户名*

［BRT-Serial1/0］%May 31 10：23：43：749 2015 BRT IFNET/5/LINK_UP-DOWN：Line protocol state on the interface Serial1/0 changed to up.

//稍等片刻,观察注意到上面链路协议状态为 UP 后,会发现 PC 再次测试联通性恢复,认证成功。

＊注意:此种方式的配置关键在于只要主认证方发送的用户名与被认证方创建的用户名保持一致,且双方密码也一致即可以认证成功。

▶被认证方式采用接口 CHAP 密码配置方式

先恢复实验环境

［PRT］undo local-user all　　 *//清除账户*

［PRT］int s1/0

［PRT-Serial1/0］undo ppp chap user　　 *//清除 PPP CHAP 认证用户名*

［PRT-Serial1/0］undo ppp authentication-mode　　 *//清除认证设置*

［BRT］undo local-user all　　 *//清除账户*

［BRT］int s1/0

［BRT-Serial1/0］undo ppp chap user　　 *//清除 PPP CHAP 认证用户名*

［PRT］local-user aaa class network　　 *//创建认证用户信息,类型为 network*

［PRT-luser-network-aaa］service-type ppp

［PRT-luser-network-aaa］password simple aaa

［PRT-luser-network-aaa］quit

［PRT］int s1/0

［PRT-Serial1/0］ppp authentication-mode chap　　 *//设置认证模式为 CHAP*

［PRT-Serial1/0］shutdown　　 *//重启接口激活 PPP 认证功能*

［PRT-Serial1/0］undo shutdown

［BRT］int s1/0

[BRT-Serial1/0]ppp chap user aaa   *//在链路上配置 CHAP 认证用户名*

[BRT-Serial1/0]ppp chap password simple aaa   *//配置 CHAP 认证密码*

[BRT-Serial1/0]%May 31 11：33：01：552 2015 BRT IFNET/5/LINK_UP-DOWN：Line protocol state on the interface Serial1/0 changed to up.

//稍等片刻，注意观察到上面链路协议状态为 UP 后，会发现 PC 再次测试联通性恢复，认证成功。

＊注意：此种方式的配置关键在于主认证方发送的用户名被认证方并不关心，而是直接根据接口下配置 CHAP 密码进行后续认证操作。

PPP 的验证功能在实际应用中可以说是极为广泛的，例如，宽带拨号领域的PPPoE、L2TP VPN 等场景都会使用到。

CHAP 因为具有更好的安全性，实际采用时推荐优先采用 CHAP 认证协议。

5.14.2　思考

（1）如果双方都开启 CHAP 认证，且要求认证密码不能相同，该如何配置？

（2）Display interface serial 查看接口信息时，以什么反馈判断 PPP 的 LCP 和NCP 协商成功？

5.15　PPP-MP 链路捆绑配置

本仿真实验主要练习如何配置 PPP 多链路捆绑，从而提高 PPP 链路使用带宽和可靠性。拓扑图如图 5.21 所示。

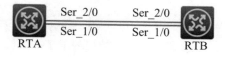

图 5.21　拓扑图

5.15.1　配置步骤

（1）配置 MP。

MP 绑定的方式共有三种：

① Virtual-Template(虚模板)接口静态绑定方式。

② Virtual-Template(虚模板)接口认证绑定方式。

③ MP-group(多链路 PPP 组)接口静态绑定方式。

本实验仅演示第①、第③两种绑定方式。

上述三种聚合类接口都属于三层聚合接口；两端成员接口编号不要求一致。

（2）配置 Virtual-Template(虚模板)接口静态绑定方式。

Virtual-Template 下文简称"VT"。

〈H3C〉sys

[H3C]sys RTA

[RTA]interface Virtual-Template 1　　　*//创建 VT 接口*

[RTA-Virtual-Template1]ip add 192.168.1.1 24　　*//配置 IP 地址*

[RTA-Virtual-Template1]quit

[RTA]int s1/0

[RTA-Serial1/0]link-protocol ppp

[RTA-Serial1/0]ppp mp Virtual-Template 1　　　*//将物理接口与虚拟模板*

接口静态关联

[RTA-Serial1/0]quit

[RTA]int s2/0

[RTA-Serial2/0]link-protocol ppp

[RTA-Serial2/0]ppp mp Virtual-Template 1

[RTA-Serial2/0]quit

[RTA]

〈H3C〉sys

[H3C]sys RTB

[RTB]int Virtual-Template 1　　　*//创建 VT*

［RTB-Virtual-Template1］ip add 192.168.1.2 24   *//配置 IP 地址*

［RTB-Virtual-Template1］quit

［RTB］int s1/0

［RTB-Serial1/0］link-protocol ppp   *//链路采用 PPP 协议*

［RTB-Serial1/0］ppp mp Virtual-Template 1   *//将物理接口与虚拟模板接*
口静态关联

［RTB-Serial1/0］int s2/0

［RTB-Serial2/0］link-protocol ppp

［RTB-Serial2/0］ppp mp Virtual-Template 1

［RTB-Serial2/0］quit

［RTB］

［RTA］dis ppp mp   *//查看 PPP MP 接口配置与运行情况*
---------------------Slot0---------------------
Template：Virtual-Template1

max-bind：16，fragment：enabled，min-fragment：128

  Master link：Virtual-Access0，Active members：2，Bundle RTB

  Peer's endPoint descriptor：RTB

  Sequence format：long（rcv）/long（sent）

  Bundle Up Time：2015/06/01   01：25：30：111

  0 lost fragments，5 reordered，0 unassigned，0 interleaved

  Sequence：4（rcv）/5（sent）

  Active member channels：2 members

      Serial1/0   Up-Time：2015/06/01   01：25：30：111

      Serial2/0   Up-Time：2015/06/01   01：25：49：407

［RTA］ping 192.168.1.2   *//ping 对端 VT 地址，联通性正常*

Ping 192.168.1.2（192.168.1.2）：56 data bytes，press CTRL_C to break

56 bytes from 192.168.1.2：icmp_seq＝0 ttl＝255 time＝0.616 ms

56 bytes from 192.168.1.2：icmp_seq＝1 ttl＝255 time＝0.684 ms

断开任意一个成员接口不影响联通性，测试反馈略。

(3) 配置 MP-group(多链路 PPP 组)接口静态绑定方式。

先还原实验环境,步骤略。

[RTB]int s1/0

[RTB-Serial1/0]ppp mp

[RTB-Serial1/0]int s2/0

[RTB-Serial2/0]ppp mp

[RTB-Serial2/0]quit

〈H3C〉sys

[H3C]sys RTA

[RTA]int MP-group 1　　*//创建 MP-group 接口并配置地址*

[RTA-MP-group1]ip add 192. 168. 2. 1 24

[RTA-MP-group1]quit

[RTA]int s1/0

[RTA-Serial1/0]link-protocol ppp

[RTA-Serial1/0]ppp mp MP-group 1　　　　*//将物理接口与 MP-group 接口静态关联*

[RTA-Serial1/0]quit

[RTA]int s2/0

[RTA-Serial2/0]link-protocol ppp

[RTA-Serial2/0]ppp mp MP-group 1

[RTA-Serial2/0]quit

[RTA]

〈H3C〉sys

[H3C]sys RTB

[RTB]interface MP-group 1

[RTB-MP-group1]ip add 192. 168. 2. 2 24

[RTB-MP-group1]quit

[RTB]int s1/0

[RTB-Serial1/0]link-protocol ppp

[RTB-Serial1/0]ppp mp MP-group 1

［RTB-Serial1/0］int s2/0

［RTB-Serial2/0］link-protocol ppp

［RTB-Serial2/0］ppp mp MP-group 1

［RTB-Serial2/0］quit

［RTB］

［RTA］dis ppp mp   *//查看 PPP MP 配置与运行情况*

——————————Slot0——————————

Template：MP-group1

max-bind：16，fragment：enabled，min-fragment：128

　　Master link：MP-group1，Active members：2，Bundle Multilink

　　Peer's endPoint descriptor：MP-group1

　　Sequence format：long（rcv)/long（sent)

　　Bundle Up Time：2015/06/01 01：48：03：577

　　0 lost fragments，0 reordered，0 unassigned，0 interleaved

　　Sequence：0（rcv)/0（sent)

　　Active member channels：2 members

　　　　Serial1/0   Up-Time：2015/06/01 01：48：03：578

　　　　Serial2/0   Up-Time：2015/06/01 01：48：25：336

［RTA］ping 192.168.2.2   *//ping 对端地址*

Ping 192.168.2.2（192.168.2.2)：56 data bytes，press CTRL_C to break

56 bytes from 192.168.2.2：icmp_seq=0 ttl=255 time=0.667 ms

56 bytes from 192.168.2.2：icmp_seq=1 ttl=255 time=0.536 ms

从配置方式上看不能直观感受到两种实现的区别,其实 VT 接口实现捆绑是早期通用的一种临时的解决方法。VT 接口的本质作用不是用来实现捆绑功能,而是用来定义 PPP 协商参数的一种模板而已,所以 VT 逻辑接口的状态始终是 DOWN。这就导致 VT 接口无法感知直连的物理故障了,特别是采用静态路由作为出口的场景。所以后来提出了专门实现 PPP 多链路捆绑的 MP 接口,MP 逻辑接口的状态可以与成员端口状态进行同步,只有当所有成员端口都 DOWN 时,MP 逻辑接口状态才会 DOWN。

5.15.2 思考

(1) MP-Group 接口支持 PPP 认证功能吗?

(2) 若成员端口一端加入 MP-Group 接口,另一端未加入 MP-Group 接口,会是什么状态?

5.16 PPP 地址分配功能配置

本仿真实验主要练习如何配置 PPP 的 IP 地址分配功能,实现为对端设备接口动态分配或静态指定 IP 地址参数。如图 5.22 所示。

图 5.22 拓扑图

5.16.1 配置步骤

PPP 地址分配功能细分为两种配置方式:

① 分配指定 IP;

② 分配指定 IP 地址池。

(1) 配置分配指定 IP。

〈H3C〉sys

[H3C]sys RTA

[RTA]int s1/0

［RTA-Serial1/0］ip add 192. 168. 1. 1 24

［RTA-Serial1/0］remote address 192. 168. 1. 2　　*//设置为远端分配的地址*

［RTA-Serial1/0］

〈H3C〉sys

［H3C］sys RTB

［RTB］int s1/0

［RTB-Serial1/0］ip address ?

 X. X. X. X　　　　IP address

 ppp-negotiate　　Negotiate IP address with the remote

 unnumbered　　Share an address with another interface

［RTB-Serial1/0］ip address ppp-negotiate　　*//设置端口地址为 PPP 协商获得*

［RTB-Serial1/0］dis int s1/0 brief　　*//查看端口简要信息*

Brief information on interface(s) under route mode：

Link：ADM - administratively down；Stby - standby

Protocol：(s) - spoofing

Interface	Link	Protocol	Main IP	Description
Ser1/0	UP	UP	192. 168. 1. 2	

［RTB-Serial1/0］ping 192. 168. 1. 1　　*//测试联通*

Ping 192. 168. 1. 1 (192. 168. 1. 1)：56 data bytes, press CTRL_C to break

56 bytes from 192. 168. 1. 1：icmp_seq=0 ttl=255 time=0. 000 ms

56 bytes from 192. 168. 1. 1：icmp_seq=1 ttl=255 time=1. 000 ms

（2）配置分配指定 IP 地址池。

还原实验环境：

［RTA-Serial1/0］undo remote address　　*//删除端口为远端分配地址功能*

［RTB-Serial1/0］undo ip address ppp-negotiate　　*//删除端口地址由地址协商获得*

［RTA］ip pool aaa 192. 168. 1. 5 192. 168. 1. 10　　*//创建地址池*

［RTA］int s1/0

［RTA-Serial1/0］remote address ?

 X. X. X. X　　Peer IP address

pool　　Specify the peer IP address pool

［RTA-Serial1/0］remote address pool aaa　　*//设置为远端分配的地址池*

［RTB-Serial1/0］ip address ppp-negotiate　　*//设置端口地址为 PPP 协商获得*

［RTB-Serial1/0］dis int s1/0 br　　*//查看端口简要信息*

Brief information on interface(s) under route mode：

Link：ADM - administratively down；Stby - standby

Protocol：(s) - spoofing

Interface	Link	Protocol	Main IP	Description
Ser1/0	UP	UP	192. 168. 1. 5	

［RTB-Serial1/0］ping 192. 168. 1. 1　　*//测试联通*

Ping 192. 168. 1. 1 (192. 168. 1. 1)：56 data bytes，press CTRL_C to break

56 bytes from 192. 168. 1. 1：icmp_seq＝0 ttl＝255 time＝1. 000 ms

56 bytes from 192. 168. 1. 1：icmp_seq＝1 ttl＝255 time＝1. 000 ms

　　PPP 的地址分配功能使用也是非常广泛，例如，在 PPPoE 宽带拨号场景和 L2TP VPN 拨号场景下，客户端获取 IP 参数都是采用 PPP 的地址分配功能实现的。

5. 16. 2　思考

　　(1) 如果分配给客户端的 IP 与自身接口不属于同一网段，能够通信吗？为什么？

　　(2) 地址分配功能是 PPP 协议簇中的 LCP 实现的还是 NCP 实现的？

第6章　企业典型网络架构仿真实验

企业典型的园区网络应用场景,涵盖了有线、无线、安全、认证等多种常见技术的组合。本章拟通过 H3C HCL 官方模拟器搭建企业典型网络架构的模拟环境,详细说明各种业务需求对应的技术方案是如何相互配合实现的,从而帮助大家了解和掌握典型组网的部署方式。

6.1　典型网络架构组网需求

6.1.1　接入层需求

每个楼栋划分一个 VLAN 模拟,根据实际情况楼栋内可考虑每楼层规划一个VLAN。

内网使用私网 IP 地址段规划,有线部分为每个 VLAN 分配一个 C 类(24 位掩码)地址段,无线部分采用一个 VLAN 模拟分配一个 C 类(22 位掩码)地址段。

楼栋主机除办公楼有线用户外,其余楼栋有线及无线用户均采用 DHCP 自动获取地址,减少手工分配的运维工作量及地址冲突问题的发生,方便管理与维护。

接入层有线接口部署端口安全机制,保证每个交换机的端口最多只能连接一个终端,非法接入将触发端口安全机制自动关闭物理接口,超时后自动恢复。

未启用接口保持为 shutdown 状态,防止恶意接入。

6.1.2　汇聚层需求

接入层与汇聚层交换机采用 MSTP＋VRRP 技术组合,实现汇聚设备热备份、线路高可靠、流量负载分担能力,保证主设备出现故障时,可以快速切换到备用设备转发,不影响业务运行。

汇聚层交换机通过包过滤访问控制列表技术,实现宿舍楼不允许访问办公楼,食堂只能与宿舍楼互通,其他楼栋间全互通的互访控制需求。

6.1.3　核心层需求

核心层与汇聚层和互联网出口之间采用 OSPF 动态路由协议,实现三层网络故障路由层面自动收敛,且 OSPF 具有适应多种组网拓扑、链路类型、防止路由环路等特征。适当调整接口参数,优化 OSPF 运行效率,提升整网稳定性。

核心层避免做互访控制行为,尽量只关注流量的高速转发。

6.1.4　安全出口需求

互联网出口部分采用防火墙设备,设置安全区域隔离各业务分区,从而控制各楼栋接入区、服务器区和互联网区的数据转发,保证内外网之间数据交互的安全可控。

互联网出口采用 1 G 光纤接入(实验模拟接口为千兆),核心层与汇聚层骨干链路均采用 10 G/40 G 互联,汇聚层与接入层均采用千兆互联,接入至桌面采用百兆接口(实验模拟接口为千兆)。

实现互联网用户能够访问内部服务器:

互联网访问 http://202.96.137.6 80 端口时,防火墙将流量转发至内网 Web 服务器 192.168.101.30 8080 端口。

互联网访问 202.96.137.6 21 端口时,防火墙将流量转发至内网 FTP 服务器 192.168.101.10 21 端口。

实现内网有线及无线用户访问互联网,采用互联网出接口 IP 完成转换。

6.1.5　WLAN(无线局域网)

学校内部实现无线全覆盖,方便无线终端设备接入校园网。

为避免 AC 成为转发瓶颈,AP 采用本地转发方式。

AP 采用三层注册方式,通过 DHCP Option 43 参数实现。

6.1.6　运维管理

所有业务终端接入交换机统一规划带内管理 VLAN 及 IP,其余接入交换机采用网关 IP-1(即 254-1=253)地址作为带内管理使用,核心及防火墙设备采用 Loopback 0 接口 IP 地址作为带内管理使用。

所有网络设备启用 SNMPv2c 网管协议,读团体字 ahbvc-pub,读写团体字 ahbvc-pri。

所有网络设备启用 SSH 远程管理方式,基于用户名+密码认证方式。

所有网络设备仅允许运维管理地址段远程访问及纳管。

6.2　网络基础规划

6.2.1　拓扑结构图

根据组网需求,拓扑结构如图 6.1 所示。

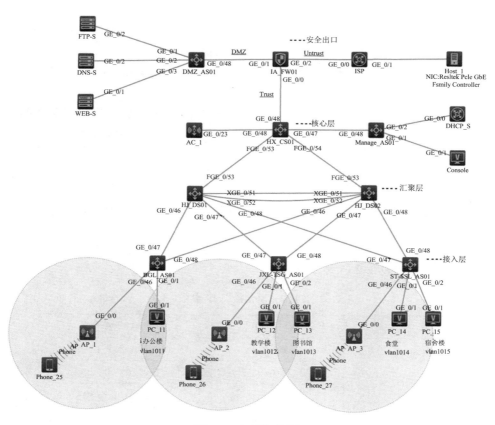

图 6.1　组网拓扑图

6.2.2　VLAN 及 IP 规划

根据组网需求,VLAN 及 IP 地址可以做如表 6.1 设定。

表 6.1　VLAN 及 IP 规划

VLAN 范围	IP 范围	用　途
101~110	172.20.1.0/24~ 172.20.2.0/24	设备互联
1001~1100	192.168.1.0/24~ 192.168.100.0/24	有线、无线用户终端接入

VLAN 范围	IP 范围	用　　途
1101～1200	192. 168. 101. 0/24～ 192. 168. 200. 0/24	业务服务器接入
1201～1210	192. 168. 201. 0/24～ 192. 168. 210. 0/24	AC、DHCP 服务器、设备带内管理及 运维管理平台接入

6.2.3　接口规划

接口规划如表 6.2 所示。

表 6.2　设备接口 IP 参数

设　　备	接　　口	IP 地址/掩码
HX_CS01	Loop0	192. 168. 201. 11/32
	FG1/0/53	172. 20. 1. 2/30
	FG1/0/53	172. 20. 1. 6/30
	G1/0/48	172. 20. 1. 9/30
	G1/0/47	192. 168. 202. 254/24 （Vlan-interface1202）
	G1/0/46	192. 168. 203. 254/24 （Vlan-interface1203）
ISP	G0/0	202. 96. 137. 1/29
	G0/1	100. 100. 100. 1/28
IA_FW01	Loop0	192. 168. 201. 12/32
	G1/0/0	172. 20. 1. 10/30
	G1/0/1	192. 168. 101. 254/24
	G1/0/2	202. 96. 137. 2/29
AC_1	G1/0/23	192. 168. 203. 200/24 （Vlan-interface1203）
DMZ_AS01	Vlan-interface1101	192. 168. 101. 253/24
Manage_AS01	Vlan-interface1202	192. 168. 202. 253/24

设　备	接　口	IP 地址/掩码
HJ_DS01	FG1/0/53	172. 20. 1. 1/30
	Vlan-interface1011	192. 168. 11. 252/24
	Vlan-interface1012	192. 168. 12. 252/24
	Vlan-interface1013	192. 168. 13. 252/24
	Vlan-interface1014	192. 168. 14. 252/24
	Vlan-interface1015	192. 168. 15. 252/24
	Vlan-interface1048	192. 168. 48. 252/24
	Vlan-interface1201	192. 168. 201. 252/24
	Vlan-interface1204	192. 168. 204. 252/24
HJ_DS02	FG1/0/53	172. 20. 1. 5/30
	Vlan-interface1011	192. 168. 11. 253/24
	Vlan-interface1012	192. 168. 12. 253/24
	Vlan-interface1013	192. 168. 13. 253/24
	Vlan-interface1014	192. 168. 14. 253/24
	Vlan-interface1015	192. 168. 15. 253/24
	Vlan-interface1048	192. 168. 48. 253/24
	Vlan-interface1201	192. 168. 201. 253/24
	Vlan-interface1204	192. 168. 204. 253/24
BGL_AS01	Vlan-interface1201	192. 168. 201. 1/24
JXL-TSG_AS01	Vlan-interface1201	192. 168. 201. 2/24
ST-SSL_AS01	Vlan-interface1201	192. 168. 201. 3/24
DHCP-S	G0/0	192. 168. 202. 100/24
FTP-S	G0/2	192. 168. 101. 10/24
DNS-S	G0/2	192. 168. 101. 20/24
WEB-S	G0/2	192. 168. 101. 30/24

6.3 仿真配置过程

6.3.1 二层配置

接入 VLAN 配置：

[AHBVC_BGL_AS01]vlan 1011　＃＃创建 VLAN 资源 1011

[AHBVC_BGL_AS01-vlan1011]＃

[AHBVC_BGL_AS01-vlan1011]vlan 1048

[AHBVC_BGL_AS01-vlan1048]＃

[AHBVC_BGL_AS01-vlan1048]vlan 1201

[AHBVC_BGL_AS01-vlan1201]＃

[AHBVC_BGL_AS01-vlan1201]vlan 1204

[AHBVC_BGL_AS01-vlan1204]＃

[AHBVC_BGL_AS01]interface GigabitEthernet1/0/46

[AHBVC_BGL_AS01-GigabitEthernet1/0/46] port link-mode bridge　//*指定接口工作在二层模式*

[AHBVC_BGL_AS01-GigabitEthernet1/0/46] description TO：AP-1　//*配置描述信息 TO：AP-1*

[AHBVC_BGL_AS01-GigabitEthernet1/0/46] port link-type trunk　//*配置接口 VLAN类型为 Trunk*

[AHBVC_BGL_AS01-GigabitEthernet1/0/46] undo port trunk permit　vlan　1 //*配置接口拒绝放行非业务 VLAN资源 1*

[AHBVC_BGL_AS01-GigabitEthernet1/0/46] port trunk permit vlan 1048 1204 //*配置接口放行 VLAN 资源 1048 1204*

[AHBVC_BGL_AS01-GigabitEthernet1/0/46] port trunk pvid vlan 1204 //*配置接口所属 VLAN 为 1204*

〔AHBVC_BGL_AS01-GigabitEthernet1/0/46〕#

〔AHBVC_BGL_AS01-GigabitEthernet1/0/46〕interface GigabitEthernet1/0/47

〔AHBVC_BGL_AS01-GigabitEthernet1/0/47〕port link-mode bridge

〔AHBVC_BGL_AS01-GigabitEthernet1/0/47〕port link-type trunk

〔AHBVC_BGL_AS01-GigabitEthernet1/0/47〕undo port trunk permit vlan 1

〔AHBVC_BGL_AS01-GigabitEthernet1/0/47〕port trunk permit vlan 1011
1048 1201 1204

〔AHBVC_BGL_AS01-GigabitEthernet1/0/47〕#

〔AHBVC_BGL_AS01-GigabitEthernet1/0/47〕interface GigabitEthernet1/0/48

〔AHBVC_BGL_AS01-GigabitEthernet1/0/48〕port link-mode bridge

〔AHBVC_BGL_AS01-GigabitEthernet1/0/48〕port link-type trunk

〔AHBVC_BGL_AS01-GigabitEthernet1/0/48〕undo port trunk permit vlan 1

〔AHBVC_BGL_AS01-GigabitEthernet1/0/48〕port trunk permit vlan 1011
1048 1201 1204

〔AHBVC_JXL-TSG_AS01〕vlan 1012 to 1013

〔AHBVC_JXL-TSG_AS01〕#

〔AHBVC_JXL-TSG_AS01〕vlan 1048

〔AHBVC_JXL-TSG_AS01-vlan1048〕#

〔AHBVC_JXL-TSG_AS01-vlan1048〕vlan 1201

〔AHBVC_JXL-TSG_AS01-vlan1201〕#

〔AHBVC_JXL-TSG_AS01-vlan1201〕vlan 1204

〔AHBVC_JXL-TSG_AS01-vlan1204〕#

〔AHBVC_JXL-TSG_AS01〕interface GigabitEthernet1/0/46

〔AHBVC_JXL-TSG_AS01-GigabitEthernet1/0/46〕port link-mode bridge

〔AHBVC_JXL-TSG_AS01-GigabitEthernet1/0/46〕description TO：AP-2

〔AHBVC_JXL-TSG_AS01-GigabitEthernet1/0/46〕port link-type trunk

〔AHBVC_JXL-TSG_AS01-GigabitEthernet1/0/46〕undo port trunk permit vlan 1

〔AHBVC_JXL-TSG_AS01-GigabitEthernet1/0/46〕port trunk permit vlan
1048 1204

〔AHBVC _ JXL-TSG _ AS01-GigabitEthernet1/0/46〕port trunk pvid
vlan 1204

［AHBVC_JXL-TSG_AS01-GigabitEthernet1/0/46］#

［AHBVC_JXL-TSG_AS01-GigabitEthernet1/0/46］interface GigabitEthernet1/0/47

［AHBVC_JXL-TSG_AS01-GigabitEthernet1/0/47］port link-mode bridge

［AHBVC_JXL-TSG_AS01-GigabitEthernet1/0/47］port link-type trunk

［AHBVC_JXL-TSG_AS01-GigabitEthernet1/0/47］undo port trunk permit vlan 1

［AHBVC_JXL-TSG_AS01-GigabitEthernet1/0/47］port trunk permit vlan 1012 to 1013 1048 1201 1204

［AHBVC_JXL-TSG_AS01-GigabitEthernet1/0/47］#

［AHBVC_JXL-TSG_AS01-GigabitEthernet1/0/47］interface GigabitEthernet1/0/48

［AHBVC_JXL-TSG_AS01-GigabitEthernet1/0/48］port link-mode bridge

［AHBVC_JXL-TSG_AS01-GigabitEthernet1/0/48］port link-type trunk

［AHBVC_JXL-TSG_AS01-GigabitEthernet1/0/48］undo port trunk permit vlan 1

［AHBVC_JXL-TSG_AS01-GigabitEthernet1/0/48］port trunk permit vlan 1012 to 1013 1048 1201 1204

［AHBVC_ST-SSL_AS01］vlan 1014 to 1015

［AHBVC_ST-SSL_AS01］#

［AHBVC_ST-SSL_AS01］vlan 1048

［AHBVC_ST-SSL_AS01-vlan1048］vlan 1201

［AHBVC_ST-SSL_AS01-vlan1201］#

［AHBVC_ST-SSL_AS01-vlan1201］vlan 1204

［AHBVC_ST-SSL_AS01-vlan1204］#

［AHBVC_ST-SSL_AS01］interface GigabitEthernet1/0/46

［AHBVC_ST-SSL_AS01-GigabitEthernet1/0/46］port link-mode bridge

［AHBVC_ST-SSL_AS01-GigabitEthernet1/0/46］description TO：AP-3

［AHBVC_ST-SSL_AS01-GigabitEthernet1/0/46］port link-type trunk

［AHBVC_ST-SSL_AS01-GigabitEthernet1/0/46］undo port trunk permit vlan 1

［AHBVC_ST-SSL_AS01-GigabitEthernet1/0/46］port trunk permit vlan 1048 1204

［AHBVC_ST-SSL_AS01-GigabitEthernet1/0/46］port trunk pvid vlan 1204

[AHBVC_ST-SSL_AS01-GigabitEthernet1/0/46]#

[AHBVC _ ST-SSL _ AS01-GigabitEthernet1/0/46] interface GigabitEther-net1/0/47

[AHBVC_ST-SSL_AS01-GigabitEthernet1/0/47] port link-mode bridge

[AHBVC_ST-SSL_AS01-GigabitEthernet1/0/47] port link-type trunk

[AHBVC_ST-SSL_AS01-GigabitEthernet1/0/47] undo port trunk permit vlan 1

[AHBVC _ ST-SSL _ AS01-GigabitEthernet1/0/47] port trunk permit vlan 1014 to 1015 1048 1201 1204

[AHBVC_ST-SSL_AS01-GigabitEthernet1/0/47]#

[AHBVC _ ST-SSL _ AS01-GigabitEthernet1/0/47] interface GigabitEther-net1/0/48

[AHBVC_ST-SSL_AS01-GigabitEthernet1/0/48] port link-mode bridge

[AHBVC_ST-SSL_AS01-GigabitEthernet1/0/48] port link-type trunk

[AHBVC_ST-SSL_AS01-GigabitEthernet1/0/48] undo port trunk permit vlan 1

[AHBVC _ ST-SSL _ AS01-GigabitEthernet1/0/48] port trunk permit vlan 1014 to 1015 1048 1201 1204

[AHBVC_DMZ_AS01]vlan 1101

[AHBVC_DMZ_AS01-vlan1101] description Server

[AHBVC_DMZ_AS01-vlan1101]#

[AHBVC_DMZ_AS01]interface GigabitEthernet1/0/48

[AHBVC_DMZ_AS01-GigabitEthernet1/0/48] port access vlan 1101　*//配置接口所属 VLAN 为 1101*

[AHBVC_DMZ_AS01] interface GigabitEthernet1/0/1

[AHBVC_DMZ_AS01-GigabitEthernet1/0/1] port link-mode bridge

[AHBVC_DMZ_AS01-GigabitEthernet1/0/1] port access vlan 1101

[AHBVC_DMZ_AS01-GigabitEthernet1/0/1]#

[AHBVC_DMZ_AS01-GigabitEthernet1/0/1]interface GigabitEthernet1/0/2

[AHBVC_DMZ_AS01-GigabitEthernet1/0/2] port link-mode bridge

[AHBVC_DMZ_AS01-GigabitEthernet1/0/2] port access vlan 1101

[AHBVC_DMZ_AS01-GigabitEthernet1/0/2]#

[AHBVC_DMZ_AS01-GigabitEthernet1/0/2]interface GigabitEthernet1/0/3

［AHBVC_DMZ_AS01-GigabitEthernet1/0/3］port link-mode bridge

［AHBVC_DMZ_AS01-GigabitEthernet1/0/3］port access vlan 1101

［AHBVC_YGQ_AS01-vlan1］vlan 1202

［AHBVC_YGQ_AS01-vlan1202］description Management

［AHBVC_YGQ_AS01-vlan1202］#

［AHBVC_YGQ_AS01］interface GigabitEthernet1/0/48

［AHBVC_YGQ_AS01-GigabitEthernet1/0/48］port link-mode bridge

［AHBVC_YGQ_AS01-GigabitEthernet1/0/48］port link-type trunk

［AHBVC_YGQ_AS01-GigabitEthernet1/0/48］undo port trunk permit vlan 1

［AHBVC_YGQ_AS01-GigabitEthernet1/0/48］port trunk permit vlan 1202

［AHBVC_YGQ_AS01］interface GigabitEthernet1/0/1

［AHBVC_YGQ_AS01-GigabitEthernet1/0/1］port link-mode bridge

［AHBVC_YGQ_AS01-GigabitEthernet1/0/1］port access vlan 1202

［AHBVC_YGQ_AS01-GigabitEthernet1/0/1］#

［AHBVC_YGQ_AS01-GigabitEthernet1/0/1］interface GigabitEthernet1/0/2

［AHBVC_YGQ_AS01-GigabitEthernet1/0/2］port link-mode bridge

［AHBVC_YGQ_AS01-GigabitEthernet1/0/2］port access vlan 1202

聚合配置：

［AHBVC_HJ_DS01］interface Bridge-Aggregation1000　//*创建二层聚合接口 1000*

［AHBVC _ HJ _ DS01-Bridge-Aggregation1000］link-aggregation mode dynamic　//*配置二层聚合模式为动态 LACP 方式*

［AHBVC_HJ_DS01-Bridge-Aggregation1000］quit

［AHBVC _ HJ _ DS01］interface range Ten-GigabitEthernet 1/0/51 to Ten-GigabitEthernet 1/0/52

［AHBVC_HJ_DS01-if-range］port link-aggregation group 1000　//*将物理接口加入聚合组*

［AHBVC_HJ_DS01-if-range］quit

［AHBVC_HJ_DS01］interface Bridge-Aggregation1000

［AHBVC_HJ_DS01-Bridge-Aggregation1000］port link-type trunk

Configuring Ten-GigabitEthernet1/0/51 done.

Configuring Ten-GigabitEthernet1/0/52 done.

[AHBVC_HJ_DS01-Bridge-Aggregation1000] undo port trunk permit vlan 1

Configuring Ten-GigabitEthernet1/0/51 done.

Configuring Ten-GigabitEthernet1/0/52 done.

[AHBVC_HJ_DS01-Bridge-Aggregation1000] port trunk permit vlan 1011 to 1015 1048 1201 1204

Configuring Ten-GigabitEthernet1/0/51 done.

Configuring Ten-GigabitEthernet1/0/52 done.

[AHBVC_HJ_DS01-Bridge-Aggregation1000] stp instance 0 to 4 cost 200

[AHBVC_HJ_DS02]interface Bridge-Aggregation1000

[AHBVC_HJ_DS02-Bridge-Aggregation1000] link-aggregation mode dynamic

[AHBVC_HJ_DS02-Bridge-Aggregation1000] quit

[AHBVC_HJ_DS02] interface range Ten-GigabitEthernet 1/0/51 to Ten-GigabitEthernet 1/0/52

[AHBVC_HJ_DS02-if-range] port link-aggregation group 1000

[AHBVC_HJ_DS02-if-range] quit

[AHBVC_HJ_DS02] interface Bridge-Aggregation1000

[AHBVC_HJ_DS02-Bridge-Aggregation1000] port link-type trunk

Configuring Ten-GigabitEthernet1/0/51 done.

Configuring Ten-GigabitEthernet1/0/52 done.

[AHBVC_HJ_DS02-Bridge-Aggregation1000] undo port trunk permit vlan 1

Configuring Ten-GigabitEthernet1/0/51 done.

Configuring Ten-GigabitEthernet1/0/52 done.

[AHBVC_HJ_DS02-Bridge-Aggregation1000] port trunk permit vlan 1011 to 1015 1048 1201 1204

Configuring Ten-GigabitEthernet1/0/51 done.

Configuring Ten-GigabitEthernet1/0/52 done.

[AHBVC_HJ_DS02-Bridge-Aggregation1000] stp instance 0 to 4 cost 200

MSTP 配置：

H3C 交换机一般默认全局及接口已开启 STP 功能防止环路,可通过 display stp 命令查看详细运行状态。

〔AHBVC_HJ_DS01〕stp global enable *//全局开启 STP 功能*

〔AHBVC_HJ_DS01〕stp mode mstp *//设置 STP 运行版本为 MSTP 模式*

〔AHBVC_HJ_DS01〕stp region-configuration *//进入 MSTP 域配置视图*

〔AHBVC_HJ_DS01-mst-region〕region-name ahbvc *//设置域名*

〔AHBVC_HJ_DS01-mst-region〕instance 1 vlan 1011 *//创建 MST 实例 1 并绑定 VLAN 资源 1011*

〔AHBVC_HJ_DS01-mst-region〕instance 2 vlan 1012 to 1013

〔AHBVC_HJ_DS01-mst-region〕instance 3 vlan 1014 to 1015

〔AHBVC_HJ_DS01-mst-region〕instance 4 vlan 1048 1201 1204

〔AHBVC_HJ_DS01-mst-region〕active region-configuration *//激活 MSTP 域配置*

*MSTP 组网中以上配置 HJ_DS01、HJ_DS02、BGL_AS01、JXL-TSG_AS01、ST-SSL_AS01 设备均要求配置一致,此处以 HJ_DS01 为例,其他设备关于此配置不再赘述。

〔AHBVC_HJ_DS01〕 stp instance 0 to 2 root primary *//配置本机为 MST 实例 0 1 2 的主根桥,此处与下文业务 VLAN 的 VRRP 主备关系保持一致*

〔AHBVC_HJ_DS01〕 stp instance 3 to 4 root secondary

〔AHBVC_HJ_DS02〕 stp instance 0 to 2 root secondary

〔AHBVC_HJ_DS02〕 stp instance 3 to 4 root primary

〔AHBVC_BGL_AS01〕interface range GigabitEthernet 1/0/1 to Giga-bitEthernet 1/0/46 *//创建临时接口组*

〔AHBVC_BGL_AS01-if-range〕stp edged-port *//接入终端接口开启 STP 边缘端口功能加快接口 STP 转发状态收敛*

6.3.2　三层配置

接口 IP 配置:

〔AHBVC_IA_FW01〕interface LoopBack0　//创建 loopback0 接口

〔AHBVC_IA_FW01-LoopBack0〕ip address 192. 168. 201. 12 255. 255. 255. 255

//配置设备带内管理 IP

〔AHBVC_IA_FW01-LoopBack0〕#

〔AHBVC_IA_FW01-LoopBack0〕interface GigabitEthernet1/0/0

〔AHBVC_IA_FW01-GigabitEthernet1/0/0〕port link-mode route　//配置

接口工作在三层模式

〔AHBVC_IA_FW01-GigabitEthernet1/0/0〕description Trust

〔AHBVC_IA_FW01-GigabitEthernet1/0/0〕ip address 172. 20. 1. 10 255.

255. 255. 252

〔AHBVC_IA_FW01-GigabitEthernet1/0/0〕ospf cost 10

〔AHBVC_IA_FW01-GigabitEthernet1/0/0〕#

〔AHBVC_IA_FW01-GigabitEthernet1/0/0〕interface GigabitEthernet1/0/1

〔AHBVC_IA_FW01-GigabitEthernet1/0/1〕port link-mode route

〔AHBVC_IA_FW01-GigabitEthernet1/0/1〕description DMZ

〔AHBVC_IA_FW01-GigabitEthernet1/0/1〕ip address 192. 168. 101. 254

255. 255. 255. 0

〔AHBVC_IA_FW01-GigabitEthernet1/0/1〕#

〔AHBVC_IA_FW01-GigabitEthernet1/0/1〕interface GigabitEthernet1/0/2

〔AHBVC_IA_FW01-GigabitEthernet1/0/2〕port link-mode route

〔AHBVC_IA_FW01-GigabitEthernet1/0/2〕description Untrust

〔AHBVC_IA_FW01-GigabitEthernet1/0/2〕ip address 202. 96. 137. 2 255.

255. 255. 248

〔AHBVC_HX_CS01〕interface LoopBack0

〔AHBVC_HX_CS01-LoopBack0〕ip address 192. 168. 201. 11 255. 255.

255. 255

〔AHBVC_HX_CS01-LoopBack0〕#

〔AHBVC_HX_CS01-LoopBack0〕interface Vlan-interface1202

〔AHBVC_HX_CS01-Vlan-interface1202〕description YunWeiGuanLi

〔AHBVC_HX_CS01-Vlan-interface1202〕ip address 192. 168. 202. 254 255.

255. 255. 0

［AHBVC_HX_CS01-Vlan-interface1202］#

［AHBVC_HX_CS01-Vlan-interface1202］interface Vlan-interface1203

［AHBVC_HX_CS01-Vlan-interface1203］description TO：AHBVC_AC01

［AHBVC_HX_CS01-Vlan-interface1203］ip address 192.168.203.254 255.255.255.0

［AHBVC_HX_CS01-Vlan-interface1203］#

［AHBVC_HX_CS01-Vlan-interface1203］interface FortyGigE1/0/53

［AHBVC_HX_CS01-FortyGigE1/0/53］port link-mode route

［AHBVC_HX_CS01-FortyGigE1/0/53］description TO：AHBVC_HJ_DS01

［AHBVC_HX_CS01-FortyGigE1/0/53］ip address 172.20.1.2 255.255.255.252

［AHBVC_HX_CS01-FortyGigE1/0/53］ospf cost 10   *//指定互联接口 OS-PF 开销值为 10*

［AHBVC_HX_CS01-FortyGigE1/0/53］#

［AHBVC_HX_CS01-FortyGigE1/0/53］interface FortyGigE1/0/54

［AHBVC_HX_CS01-FortyGigE1/0/54］port link-mode route

［AHBVC_HX_CS01-FortyGigE1/0/54］description TO：AHBVC_HJ_DS02

［AHBVC_HX_CS01-FortyGigE1/0/54］ip address 172.20.1.6 255.255.255.252

［AHBVC_HX_CS01-FortyGigE1/0/54］ospf cost 10

［AHBVC_HX_CS01-FortyGigE1/0/54］#

［AHBVC_HX_CS01-FortyGigE1/0/54］interface GigabitEthernet1/0/48

［AHBVC_HX_CS01-GigabitEthernet1/0/48］port link-mode route

［AHBVC_HX_CS01-GigabitEthernet1/0/48］description TO：AHBVC_IA_FW01

［AHBVC_HX_CS01-GigabitEthernet1/0/48］ip address 172.20.1.9 255.255.255.252

［AHBVC_HX_CS01-GigabitEthernet1/0/48］ospf cost 10

［AHBVC_HX_CS01-GigabitEthernet1/0/48］#

［AHBVC_HJ_DS01］interface Vlan-interface1011

［AHBVC_HJ_DS01-Vlan-interface1011］description BGL

［AHBVC_HJ_DS01-Vlan-interface1011］ip address 192. 168. 11. 252 255. 255. 255. 0

［AHBVC_HJ_DS01-Vlan-interface1011］#

［AHBVC_HJ_DS01-Vlan-interface1011］interface Vlan-interface1012

［AHBVC_HJ_DS01-Vlan-interface1012］description JXL

［AHBVC_HJ_DS01-Vlan-interface1012］ip address 192. 168. 12. 252 255. 255. 255. 0

［AHBVC_HJ_DS01-Vlan-interface1012］#

［AHBVC_HJ_DS01-Vlan-interface1012］interface Vlan-interface1013

［AHBVC_HJ_DS01-Vlan-interface1013］description TSG

［AHBVC_HJ_DS01-Vlan-interface1013］ip address 192. 168. 13. 252 255. 255. 255. 0

［AHBVC_HJ_DS01-Vlan-interface1013］#

［AHBVC_HJ_DS01-Vlan-interface1013］interface Vlan-interface1014

［AHBVC_HJ_DS01-Vlan-interface1014］description ST

［AHBVC_HJ_DS01-Vlan-interface1014］ip address 192. 168. 14. 252 255. 255. 255. 0

［AHBVC_HJ_DS01-Vlan-interface1014］#

［AHBVC_HJ_DS01-Vlan-interface1014］interface Vlan-interface1015

［AHBVC_HJ_DS01-Vlan-interface1015］description SSL

［AHBVC_HJ_DS01-Vlan-interface1015］ip address 192. 168. 15. 252 255. 255. 255. 0

［AHBVC_HJ_DS01-Vlan-interface1015］#

［AHBVC_HJ_DS01-Vlan-interface1015］interface Vlan-interface1048

［AHBVC_HJ_DS01-Vlan-interface1048］description WLAN_Client

［AHBVC_HJ_DS01-Vlan-interface1048］ip address 192. 168. 48. 252 255. 255. 252. 0

［AHBVC_HJ_DS01-Vlan-interface1048］#

［AHBVC_HJ_DS01-Vlan-interface1048］interface Vlan-interface1201

［AHBVC_HJ_DS01-Vlan-interface1201］description GuanLi

［AHBVC_HJ_DS01-Vlan-interface1201］ip address 192. 168. 201. 252 255. 255. 255. 0

［AHBVC_HJ_DS01-Vlan-interface1201］#

［AHBVC_HJ_DS01-Vlan-interface1201］interface Vlan-interface1204

［AHBVC_HJ_DS01-Vlan-interface1204］description Ap_Manage

［AHBVC_HJ_DS01-Vlan-interface1204］ip address 192. 168. 204. 252 255. 255. 255. 0

［AHBVC_HJ_DS01-Vlan-interface1204］#

［AHBVC_HJ_DS01-Vlan-interface1204］interface FortyGigE1/0/53

［AHBVC_HJ_DS01-FortyGigE1/0/53］port link-mode route

［AHBVC_HJ_DS01-FortyGigE1/0/53］description TO：AHBVC_HX_CS01

［AHBVC_HJ_DS01-FortyGigE1/0/53］ip address 172. 20. 1. 1 255. 255. 255. 252

［AHBVC_HJ_DS01-FortyGigE1/0/53］ospf cost 10

［AHBVC_HJ_DS02］interface Vlan-interface1011

［AHBVC_HJ_DS02-Vlan-interface1011］description BGL

［AHBVC_HJ_DS02-Vlan-interface1011］ip address 192. 168. 11. 253 255. 255. 255. 0

［AHBVC_HJ_DS02-Vlan-interface1011］#

［AHBVC_HJ_DS02-Vlan-interface1011］interface Vlan-interface1012

［AHBVC_HJ_DS02-Vlan-interface1012］description JXL

［AHBVC_HJ_DS02-Vlan-interface1012］ip address 192. 168. 12. 253 255. 255. 255. 0

［AHBVC_HJ_DS02-Vlan-interface1012］#

［AHBVC_HJ_DS02-Vlan-interface1012］interface Vlan-interface1013

［AHBVC_HJ_DS02-Vlan-interface1013］description TSG

［AHBVC_HJ_DS02-Vlan-interface1013］ip address 192. 168. 13. 253 255. 255. 255. 0

［AHBVC_HJ_DS02-Vlan-interface1013］#

［AHBVC_HJ_DS02-Vlan-interface1013］interface Vlan-interface1014

［AHBVC_HJ_DS02-Vlan-interface1014］description ST

［AHBVC_HJ_DS02-Vlan-interface1014］ip address 192. 168. 14. 253 255. 255. 255. 0

［AHBVC_HJ_DS02-Vlan-interface1014］#

［AHBVC_HJ_DS02-Vlan-interface1014］interface Vlan-interface1015

［AHBVC_HJ_DS02-Vlan-interface1015］description SSL

［AHBVC_HJ_DS02-Vlan-interface1015］ip address 192. 168. 15. 253 255.
255. 255. 0

［AHBVC_HJ_DS02-Vlan-interface1015］#

［AHBVC_HJ_DS02-Vlan-interface1015］interface Vlan-interface1048

［AHBVC_HJ_DS02-Vlan-interface1048］description WLAN_Client

［AHBVC_HJ_DS02-Vlan-interface1048］ip address 192. 168. 48. 253 255.
255. 252. 0

［AHBVC_HJ_DS02-Vlan-interface1048］#

［AHBVC_HJ_DS02-Vlan-interface1048］interface Vlan-interface1201

［AHBVC_HJ_DS02-Vlan-interface1201］description GuanLi

［AHBVC_HJ_DS02-Vlan-interface1201］ip address 192. 168. 201. 253 255.
255. 255. 0

［AHBVC_HJ_DS02-Vlan-interface1201］#

［AHBVC_HJ_DS02-Vlan-interface1201］interface Vlan-interface1204

［AHBVC_HJ_DS02-Vlan-interface1204］description Ap_Manage

［AHBVC_HJ_DS02-Vlan-interface1204］ip address 192. 168. 204. 253 255.
255. 255. 0

［AHBVC_HJ_DS02-Vlan-interface1204］#

［AHBVC_HJ_DS02-Vlan-interface1204］interface FortyGigE1/0/53

［AHBVC_HJ_DS02-FortyGigE1/0/53］port link-mode route

［AHBVC_HJ_DS02-FortyGigE1/0/53］description TO：AHBVC_HX_CS01

［AHBVC_HJ_DS02-FortyGigE1/0/53］ip address 172. 20. 1. 5 255. 255.
255. 252

［AHBVC_HJ_DS02-FortyGigE1/0/53］ospf cost 10

［AHBVC_AC01］interface Vlan-interface1203

［AHBVC_AC01-Vlan-interface1203］ip address 192. 168. 203. 200 255. 255.
255. 0

［AHBVC_Manage_AS01］interface Vlan-interface1202

［AHBVC_Manage_AS01-Vlan-interface1202］description GuanLi

［AHBVC_Manage_AS01-Vlan-interface1202］ip address 192. 168. 202. 253
255. 255. 255. 0

［AHBVC_DMZ_AS01］interface Vlan-interface1101

［AHBVC_DMZ_AS01-Vlan-interface1101］description GuanLi

［AHBVC_DMZ_AS01-Vlan-interface1101］ip address 192. 168. 101. 253
255. 255. 255. 0

［AHBVC_BGL_AS01］interface Vlan-interface1201

［AHBVC_BGL_AS01-Vlan-interface1201］description GuanLi

［AHBVC_BGL_AS01-Vlan-interface1201］ip address 192. 168. 201. 1 255.
255. 255. 0

［AHBVC_JXL-TSG_AS01］interface Vlan-interface1201

［AHBVC_JXL-TSG_AS01-Vlan-interface1201］description GuanLi

［AHBVC_JXL-TSG_AS01-Vlan-interface1201］ip address 192. 168. 201. 2
255. 255. 255. 0

［AHBVC_ST-SSL_AS01］interface Vlan-interface1201

［AHBVC_ST-SSL_AS01-Vlan-interface1201］description GuanLi

［AHBVC_ST-SSL_AS01-Vlan-interface1201］ip address 192. 168. 201. 3
255. 255. 255. 0

VRRP 配置：

VRRP 默认优先级为 100，比较原则是以大为优。

［AHBVC_HJ_DS01］track 1 interface FortyGigE1/0/53   //创建 track 项 1
监视物理接口 FG1/0/53 状态

［AHBVC_HJ_DS01］interface Vlan-interface1011

［AHBVC_HJ_DS01-Vlan-interface1011］vrrp vrid 11 virtual-ip 192. 168. 11. 254
//配置 VRRP 网关虚 IP 为 192. 168. 11. 254

〔AHBVC_HJ_DS01-Vlan-interface1011〕vrrp vrid 11 priority 120 //配置本端 VRRP 优先级为 120,为主网关角色

〔AHBVC_HJ_DS01-Vlan-interface1011〕vrrp vrid 11 track 1 priority reduced 30 //调用 track 项 1,监视接口 DOWN 后触发本端优先级降低 30,实现主备切换

〔AHBVC_HJ_DS01-Vlan-interface1011〕#

〔AHBVC_HJ_DS01-Vlan-interface1011〕interface Vlan-interface1012

〔AHBVC_HJ_DS01-Vlan-interface1012〕vrrp vrid 12 virtual-ip 192. 168. 12. 254

〔AHBVC_HJ_DS01-Vlan-interface1012〕vrrp vrid 12 priority 120

〔AHBVC_HJ_DS01-Vlan-interface1012〕vrrp vrid 12 track 1 priority reduced 30

〔AHBVC_HJ_DS01-Vlan-interface1012〕#

〔AHBVC_HJ_DS01-Vlan-interface1012〕interface Vlan-interface1013

〔AHBVC_HJ_DS01-Vlan-interface1013〕vrrp vrid 13 virtual-ip 192. 168. 13. 254

〔AHBVC_HJ_DS01-Vlan-interface1013〕vrrp vrid 13 priority 120

〔AHBVC_HJ_DS01-Vlan-interface1013〕vrrp vrid 13 track 1 priority reduced 30

〔AHBVC_HJ_DS01-Vlan-interface1013〕#

〔AHBVC_HJ_DS01-Vlan-interface1013〕interface Vlan-interface1014

〔AHBVC_HJ_DS01-Vlan-interface1014〕vrrp vrid 14 virtual-ip 192. 168. 14. 254

〔AHBVC_HJ_DS01-Vlan-interface1014〕#

〔AHBVC_HJ_DS01-Vlan-interface1014〕interface Vlan-interface1015

〔AHBVC_HJ_DS01-Vlan-interface1015〕vrrp vrid 15 virtual-ip 192. 168. 15. 254

〔AHBVC_HJ_DS01-Vlan-interface1015〕#

〔AHBVC_HJ_DS01-Vlan-interface1015〕interface Vlan-interface1048

〔AHBVC_HJ_DS01-Vlan-interface1048〕vrrp vrid 48 virtual-ip 192. 168. 48. 254

〔AHBVC_HJ_DS01-Vlan-interface1048〕#

〔AHBVC_HJ_DS01-Vlan-interface1048〕interface Vlan-interface1201

〔AHBVC_HJ_DS01-Vlan-interface1201〕vrrp vrid 201 virtual-ip 192. 168. 201. 254

〔AHBVC_HJ_DS01-Vlan-interface1201〕#

〔AHBVC_HJ_DS01-Vlan-interface1201〕interface Vlan-interface1204〔AHBVC_HJ_DS01-Vlan-interface1204〕vrrp vrid 204 virtual-ip 192. 168. 204. 254

［AHBVC_HJ_DS02]interface Vlan-interface1011

［AHBVC_HJ_DS02-Vlan-interface1011］vrrp vrid 11 virtual-ip 192.168.11.254

［AHBVC_HJ_DS02-Vlan-interface1011］#

［AHBVC_HJ_DS02-Vlan-interface1011］interface Vlan-interface1012

［AHBVC_HJ_DS02-Vlan-interface1012］vrrp vrid 12 virtual-ip 192.168.12.254

［AHBVC_HJ_DS02-Vlan-interface1012］#

［AHBVC_HJ_DS02-Vlan-interface1012］interface Vlan-interface1013

［AHBVC_HJ_DS02-Vlan-interface1013］vrrp vrid 13 virtual-ip 192.168.13.254

［AHBVC_HJ_DS02-Vlan-interface1013］#

［AHBVC_HJ_DS02-Vlan-interface1013］interface Vlan-interface1014

［AHBVC_HJ_DS02-Vlan-interface1014］vrrp vrid 14 virtual-ip 192.168.14.254

［AHBVC_HJ_DS02-Vlan-interface1014］vrrp vrid 14 priority 120

［AHBVC_ HJ _DS02-Vlan-interface1014］vrrp vrid 14 track 1 priority reduced 30

［AHBVC_HJ_DS02-Vlan-interface1014］#

［AHBVC_HJ_DS02-Vlan-interface1014］interface Vlan-interface1015

［AHBVC_HJ_DS02-Vlan-interface1015］vrrp vrid 15 virtual-ip 192.168.15.254

［AHBVC_HJ_DS02-Vlan-interface1015］vrrp vrid 15 priority 120

［AHBVC_HJ_DS02-Vlan-interface1015］vrrp vrid 15 track 1 priority reduced 30

［AHBVC_HJ_DS02-Vlan-interface1015］#

［AHBVC_HJ_DS02-Vlan-interface1015］interface Vlan-interface1048

［AHBVC_HJ_DS02-Vlan-interface1048］vrrp vrid 48 virtual-ip 192.168.48.254

［AHBVC_HJ_DS02-Vlan-interface1048］vrrp vrid 48 priority 120

［AHBVC_HJ_DS02-Vlan-interface1048］vrrp vrid 48 track 1 priority reduced 30

［AHBVC_HJ_DS02-Vlan-interface1048］#

［AHBVC_HJ_DS02-Vlan-interface1048］interface Vlan-interface1201

［AHBVC_HJ _DS02-Vlan-interface1201］vrrp vrid 201 virtual-ip 192.168.201.254

［AHBVC_HJ_DS02-Vlan-interface1201］vrrp vrid 201 priority 120

［AHBVC_HJ_DS02-Vlan-interface1201］#

［AHBVC_HJ_DS02-Vlan-interface1201］interface Vlan-interface1204

［AHBVC_HJ _DS02-Vlan-interface1204］vrrp vrid 204 virtual-ip 192.168.

204.254

〔AHBVC_HJ_DS02-Vlan-interface1204〕vrrp vrid 204 priority 120

〔AHBVC_HJ_DS02-Vlan-interface1204〕vrrp vrid 204 track 1 priority reduced 30

DHCP 配置：

〔AHBVC_DHCP_Server〕dhcp enable   *//全局开启 DHCP 功能*

〔AHBVC_DHCP_Server〕dhcp server ip-pool 12   *//创建 DHCP 地址池，名称为 12*

〔AHBVC_DHCP_Server-dhcp-pool-12〕gateway-list 192.168.12.254   *//指定网关参数*

〔AHBVC_DHCP_Server-dhcp-pool-12〕network 192.168.12.0 mask 255.255.255.0   *//指定分配地址段范围及掩码*

〔AHBVC_DHCP_Server-dhcp-pool-12〕dns-list 192.168.101.20   *//指定 DNS 参数*

〔AHBVC_DHCP_Server-dhcp-pool-12〕♯

〔AHBVC_DHCP_Server-dhcp-pool-12〕dhcp server ip-pool 13

〔AHBVC_DHCP_Server-dhcp-pool-13〕gateway-list 192.168.13.254

〔AHBVC_DHCP_Server-dhcp-pool-13〕network 192.168.13.0 mask 255.255.255.0

〔AHBVC_DHCP_Server-dhcp-pool-13〕dns-list 192.168.101.20

〔AHBVC_DHCP_Server-dhcp-pool-13〕♯

〔AHBVC_DHCP_Server-dhcp-pool-13〕dhcp server ip-pool 14

〔AHBVC_DHCP_Server-dhcp-pool-14〕gateway-list 192.168.14.254

〔AHBVC_DHCP_Server-dhcp-pool-14〕network 192.168.14.0 mask 255.255.255.0

〔AHBVC_DHCP_Server-dhcp-pool-14〕dns-list 192.168.101.20

〔AHBVC_DHCP_Server-dhcp-pool-14〕♯

〔AHBVC_DHCP_Server-dhcp-pool-14〕dhcp server ip-pool 15

〔AHBVC_DHCP_Server-dhcp-pool-15〕gateway-list 192.168.15.254

〔AHBVC_DHCP_Server-dhcp-pool-15〕network 192.168.15.0 mask 255.255.255.0

〔AHBVC_DHCP_Server-dhcp-pool-15〕dns-list 192.168.101.20

〔AHBVC_DHCP_Server-dhcp-pool-15〕#

〔AHBVC_DHCP_Server-dhcp-pool-15〕dhcp server ip-pool wlan_ap

〔AHBVC_DHCP_Server-dhcp-pool-wlan_ap〕gateway-list 192. 168. 204. 254

〔AHBVC_DHCP_Server-dhcp-pool-wlan_ap〕network 192. 168. 204. 0 mask 255. 255. 255. 0

〔AHBVC_DHCP_Server-dhcp-pool-wlan_ap〕option 43 hex 8007000001c0 a8cbc8 *//指定 Option 43 参数,用于告知 AP 设备三层注册时访问的 AC IP 地址*

〔AHBVC_DHCP_Server-dhcp-pool-wlan_ap〕#

〔AHBVC_DHCP_Server-dhcp-pool-wlan_ap〕dhcp server ip-pool wlan_client

〔AHBVC _ DHCP _ Server-dhcp-pool-wlan _ client〕gateway-list 192. 168. 48. 254

〔AHBVC_DHCP _ Server-dhcp-pool-wlan _ client〕network 192. 168. 48. 0 mask 255. 255. 252. 0

〔AHBVC_DHCP_Server-dhcp-pool-wlan_client〕dns-list 192. 168. 101. 20

〔AHBVC_DHCP_Server-dhcp-pool-wlan_client〕#

〔AHBVC_DHCP_Server〕interface GigabitEthernet0/0

〔AHBVC_DHCP_Server-GigabitEthernet0/0〕ip address 192. 168. 202. 100 255. 255. 255. 0

〔AHBVC_DHCP_Server〕ip route-static 0. 0. 0. 0 0 192. 168. 202. 254

〔AHBVC_HJ_DS01〕dhcp enable

〔AHBVC_HJ_DS01〕interface Vlan-interface1012

〔AHBVC_HJ_DS01-Vlan-interface1012〕dhcp select relay   *//开启 DHCP 中继功能*

〔AHBVC_HJ_DS01-Vlan-interface1012〕dhcp relay server-address 192. 168. 202. 100   *//指定中继的目标 DHCP 服务器地址*

〔AHBVC_HJ_DS01-Vlan-interface1012〕#

〔AHBVC_HJ_DS01-Vlan-interface1012〕interface Vlan-interface1013

〔AHBVC_HJ_DS01-Vlan-interface1013〕dhcp select relay

〔AHBVC_HJ_DS01-Vlan-interface1013〕dhcp relay server-address 192. 168. 202. 100

〔AHBVC_HJ_DS01-Vlan-interface1013〕#

[AHBVC_HJ_DS01-Vlan-interface1013] interface Vlan-interface1014

[AHBVC_HJ_DS01-Vlan-interface1014] dhcp select relay

[AHBVC_HJ_DS01-Vlan-interface1014] dhcp relay server-address 192.168.
202.100

[AHBVC_HJ_DS01-Vlan-interface1014]♯

[AHBVC_HJ_DS01-Vlan-interface1014] interface Vlan-interface1015

[AHBVC_HJ_DS01-Vlan-interface1015] dhcp select relay

[AHBVC_HJ_DS01-Vlan-interface1015] dhcp relay server-address 192.168.
202.100

[AHBVC_HJ_DS01-Vlan-interface1015]♯

[AHBVC_HJ_DS01-Vlan-interface1015] interface Vlan-interface1048

[AHBVC_HJ_DS01-Vlan-interface1048] dhcp select relay

[AHBVC_HJ_DS01-Vlan-interface1048] dhcp relay server-address 192.168.
202.100

[AHBVC_HJ_DS01-Vlan-interface1201]♯

[AHBVC_HJ_DS01-Vlan-interface1201] interface Vlan-interface1204

[AHBVC_HJ_DS01-Vlan-interface1204] dhcp select relay

[AHBVC_HJ_DS01-Vlan-interface1204] dhcp relay server-address 192.168.
202.100

＊中继部分的配置与 HJ_DS01 同理,参见上文,此处不再赘述。

此处 DHCP 服务器采用路由器模拟代替,实际情况可以是 Windows 或 Linux 服务器搭建的 DHCP 服务,又或是第三方 DHCP 服务平台。

WLAN 场景中 AP 向 AC 注册的方式主要有三种:二层注册、三层 Option 43 方式注册、手工指定 AC 地址注册。

静默接口功能可以有效控制 OSPF 协议报文的发送,通常对于连接终端或服务器的接口无需发送 OSPF 协议报文,建议开启静默接口功能,只将本接口网络信息发布至 OSPF 区域中即可。

Router ID 参数如不指定,系统则有一套自动选取机制,实际情况中,强烈建议首次创建 OSPF 进程时即手工指定,通常可采用该设备管理 IP 作为标识。

[AHBVC_HJ_DS01]ospf 1 router-id 192.168.201.252　*//创建 OSPF 进程 1 并指定 Router ID 标识为带外管理 IP*

[AHBVC_HJ_DS01-ospf-1] silent-interface all　*//配置所有启用 OSPF 接*

口为静默接口

［AHBVC_HJ_DS01-ospf-1］undo silent-interface FortyGigE1/0/53　*//指定三层互联接口为 OSPF 非静默接口*

［AHBVC_HJ_DS01-ospf-1］area 0.0.0.0　*//创建 OSPF 区域 0*

［AHBVC_HJ_DS01-ospf-1-area-0.0.0.0］　network 172.20.1.1 0.0.0.0
//将接口发布至 OSPF 区域中

［AHBVC_HJ_DS01-ospf-1-area-0.0.0.0］　network 192.168.11.0 0.0.0.255

［AHBVC_HJ_DS01-ospf-1-area-0.0.0.0］　network 192.168.12.0 0.0.0.255

［AHBVC_HJ_DS01-ospf-1-area-0.0.0.0］　network 192.168.13.0 0.0.0.255

［AHBVC_HJ_DS01-ospf-1-area-0.0.0.0］　network 192.168.14.0 0.0.0.255

［AHBVC_HJ_DS01-ospf-1-area-0.0.0.0］　network 192.168.15.0 0.0.0.255

［AHBVC_HJ_DS01-ospf-1-area-0.0.0.0］　network 192.168.48.0 0.0.3.255

［AHBVC_HJ_DS01-ospf-1-area-0.0.0.0］　network 192.168.201.252 0.0.0.255

［AHBVC_HJ_DS01-ospf-1-area-0.0.0.0］　network 192.168.204.0 0.0.0.255

［AHBVC_HJ_DS01-ospf-1-area-0.0.0.0］#

［AHBVC_HJ_DS02］ospf 1 router-id 192.168.201.253

［AHBVC_HJ_DS02-ospf-1］silent-interface all

［AHBVC_HJ_DS02-ospf-1］undo silent-interface FortyGigE1/0/53

［AHBVC_HJ_DS02-ospf-1］area 0.0.0.0

［AHBVC_HJ_DS02-ospf-1-area-0.0.0.0］network 172.20.1.5 0.0.0.0

［AHBVC_HJ_DS02-ospf-1-area-0.0.0.0］network 192.168.11.0 0.0.0.255

［AHBVC_HJ_DS02-ospf-1-area-0.0.0.0］network 192.168.12.0 0.0.0.255

［AHBVC_HJ_DS02-ospf-1-area-0.0.0.0］network 192.168.13.0 0.0.0.255

［AHBVC_HJ_DS02-ospf-1-area-0.0.0.0］network 192.168.14.0 0.0.0.255

［AHBVC_HJ_DS02-ospf-1-area-0.0.0.0］network 192.168.15.0 0.0.0.255

［AHBVC_HJ_DS02-ospf-1-area-0.0.0.0］network 192.168.48.0 0.0.3.255

［AHBVC_HJ_DS02-ospf-1-area-0.0.0.0］network 192.168.201.253 0.0.0.255

［AHBVC_HJ_DS02-ospf-1-area-0.0.0.0］network 192.168.204.0 0.0.0.255

［AHBVC_HX_CS01］ospf 1 router-id 192.168.201.11

［AHBVC_HX_CS01-ospf-1］silent-interface Vlan-interface1202

［AHBVC_HX_CS01-ospf-1］silent-interface Vlan-interface1203

［AHBVC_HX_CS01-ospf-1］area 0. 0. 0. 0

［AHBVC_HX_CS01-ospf-1-area-0. 0. 0. 0］network 172. 20. 1. 2 0. 0. 0. 0

［AHBVC_HX_CS01-ospf-1-area-0. 0. 0. 0］network 172. 20. 1. 6 0. 0. 0. 0

［AHBVC_HX_CS01-ospf-1-area-0. 0. 0. 0］network 172. 20. 1. 9 0. 0. 0. 0

［AHBVC_HX_CS01-ospf-1-area-0. 0. 0. 0］network 192. 168. 201. 11 0. 0. 0. 0

［AHBVC_HX_CS01-ospf-1-area-0. 0. 0. 0］network 192. 168. 202. 0 0. 0. 0. 255

［AHBVC_HX_CS01-ospf-1-area-0. 0. 0. 0］network 192. 168. 203. 0 0. 0. 0. 255

［AHBVC_IA_FW01］ospf 1 router-id 192. 168. 201. 12

［AHBVC_IA_FW01-ospf-1］default-route-advertise always　*//以自身为出口向 OSPF 区域中注入默认路由,且忽略自身是否存在有效默认路由*

［AHBVC_IA_FW01-ospf-1］silent-interface GigabitEthernet1/0/1

［AHBVC_IA_FW01-ospf-1］area 0. 0. 0. 0

［AHBVC_IA_FW01-ospf-1-area-0. 0. 0. 0］network 172. 20. 1. 10 0. 0. 0. 0

［AHBVC_IA_FW01-ospf-1-area-0. 0. 0. 0］network 192. 168. 101. 0 0. 0. 0. 255

［AHBVC_IA_FW01-ospf-1-area-0. 0. 0. 0］network 192. 168. 201. 12 0. 0. 0. 0

［AHBVC_IA_FW01］ip route-static 0. 0. 0. 0 0 202. 96. 137. 1　*//配置静态默认路由用于访问互联网*

［AHBVC_BGL_AS01］ip route-static 0. 0. 0. 0 0 192. 168. 201. 254 description Manage　*//配置静态默认路由用于接入交换机带内远程管理*

6.3.3　安全及优化配置

(1) 开启 BPDU 保护。

BPDU 保护功能需与边缘端口功能配合使用,开启后,当边缘端口收到 BPDU (桥协议数据单元)时,BPDU 保护功能将触发认为可能存在攻击行为并关闭该接口,未开启时,边缘端口收到 BPDU 将自动转化为非边缘端口参与生成树计算。

［AHBVC_BGL_AS01］stp bpdu-protection　*//开启全局 BPDU 保护功能*

［AHBVC_JXL-TSG_AS01］stp bpdu-protection

［AHBVC_ST-SSL_AS01］stp bpdu-protection

（2）关闭未使用接口。

［AHBVC_BGL_AS01］interface range　GigabitEthernet　1/0/2 to Giga-bitEthernet 1/0/45

［AHBVC_BGL_AS01-if-range］shutdown　　*//未启用接入接口执行 shut-down 动作*

＊边缘端口及接口 shutdown 配置 BGL_AS01、JXL-TSG_AS01、ST-SSL_AS01、DMZ_AS01、Manage_AS01 均涉及，此处以 BGL_AS01 为例，其他设备关于此配置不再赘述。

（3）开启端口入侵检测。

［AHBVC_BGL_AS01］port-security enable　　*//开启端口安全功能*

［AHBVC_BGL_AS01］port-security timer disableport 30　　*//配置触发端口安全机制后关闭接口 30 秒*

［AHBVC_BGL_AS01］port-security timer autolearn aging 30　　*//配置自动学习安全 MAC 老化时间为 30 分钟*

［AHBVC_BGL_AS01］interface range　GigabitEthernet　1/0/1 to Giga-bitEthernet 1/0/45

［AHBVC_BGL_AS01-if-range］port-security intrusion-mode disableport-temporarily　　*//指定入侵处置动作为关闭接口并在指定时间后自动恢复*

［AHBVC_BGL_AS01-if-range］port-security max-mac-count 1　　*//配置接口允许学习的安全 MAC 总数最大为 1*

［AHBVC_BGL_AS01-if-range］port-security port-mode autolearn　　*//配置接口安全 MAC 学习模式为自动学习方式*

＊端口安全部分配置 JXL-TSG_AS01、ST-SSL_AS01 均涉及，此处以 BGL_AS01 为例，其他设备关于此配置不再赘述。

（4）防火墙安全区域配置。

［AHBVC_IA_FW01］security-zone name Trust　　*//进入 Trust 安全区域，如区域名称不存在则为创建新安全域*

［AHBVC_IA_FW01-security-zone-Trust］import interface GigabitEther-net1/0/0　　*//将成员接口加入该安全域*

［AHBVC_IA_FW01-security-zone-Trust］#

［AHBVC_IA_FW01-security-zone-Trust］security-zone name DMZ

［AHBVC_IA_FW01-security-zone-DMZ］import interface GigabitEthernet1/0/1

［AHBVC_IA_FW01-security-zone-DMZ］#

［AHBVC_IA_FW01-security-zone-DMZ］security-zone name Untrust

［AHBVC_IA_FW01-security-zone-Untrust］import interface GigabitEther-net1/0/2

［AHBVC_IA_FW01-security-zone-Untrust］#

［AHBVC_IA_FW01-security-zone-Untrust］security-zone name Management

［AHBVC_IA_FW01-security-zone-Management］import interface LoopBack0

［AHBVC_IA_FW01-security-zone-Management］#

（5）防火墙安全策略配置。

本节安全策略部分将全部以命令行形式进行配置,实际运维场景多以防火墙 Web 界面进行图形化配置,更加直观。命令行则多适用于工程师有批处理需求时使用,如批量创建地址对象时可先编辑成脚本文件,再刷入设备,然后调用即可。

［AHBVC_IA_FW01］object-group ip address 192. 168. 101. 10　　*//创建 IP 地址对象组*

［AHBVC_IA_FW01-obj-grp-ip-192. 168. 101. 10］0 network host address 192. 168. 101. 10　　*//创建主机 IP 地址 192. 168. 101. 10*

［AHBVC_IA_FW01-obj-grp-ip-192. 168. 101. 10］#

［AHBVC_IA_FW01-obj-grp-ip-192. 168. 101. 10］object-group ip address 192. 168. 101. 30

［AHBVC_IA_FW01-obj-grp-ip-192. 168. 101. 30］0 network host address 192. 168. 101. 30

［AHBVC_IA_FW01-obj-grp-ip-192. 168. 101. 30］#

［AHBVC_IA_FW01-obj-grp-ip-192. 168. 101. 30］object-group service 8080 *//创建服务对象组*

［AHBVC_IA_FW01-obj-grp-service-8080］0 service tcp destination eq 8080 *//创建 TCP 目标服务端口 8080*

［AHBVC_IA_FW01］security-policy ip　　*//进入安全策略视图*

［AHBVC_IA_FW01-security-policy-ip］rule 0 name ospf　　*//创建安全策略规则 id 1*

〔AHBVC_IA_FW01-security-policy-ip-0-ospf〕action pass   //指定规则动作为允许

〔AHBVC_IA_FW01-security-policy-ip-0-ospf〕source-zone local   //指定规则源安全域为 local

〔AHBVC_IA_FW01-security-policy-ip-0-ospf〕source-zone trust

〔AHBVC_IA_FW01-security-policy-ip-0-ospf〕destination-zone local   //指定规则目标安全域为 local

〔AHBVC_IA_FW01-security-policy-ip-0-ospf〕destination-zone trust

〔AHBVC_IA_FW01-security-policy-ip-0-ospf〕service ospf   //指定允许服务类型为 OSFP 协议

〔AHBVC_IA_FW01-security-policy-ip-0-ospf〕rule 1 name ping

〔AHBVC_IA_FW01-security-policy-ip-1-ping〕action pass

〔AHBVC_IA_FW01-security-policy-ip-1-ping〕source-zone local

〔AHBVC_IA_FW01-security-policy-ip-1-ping〕source-zone untrust

〔AHBVC_IA_FW01-security-policy-ip-1-ping〕source-zone trust

〔AHBVC_IA_FW01-security-policy-ip-1-ping〕source-zone dmz

〔AHBVC_IA_FW01-security-policy-ip-1-ping〕destination-zone local

〔AHBVC_IA_FW01-security-policy-ip-1-ping〕destination-zone dmz

〔AHBVC_IA_FW01-security-policy-ip-1-ping〕destination-zone untrust

〔AHBVC_IA_FW01-security-policy-ip-1-ping〕destination-zone trust

〔AHBVC_IA_FW01-security-policy-ip-1-ping〕service ping

〔AHBVC_IA_FW01-security-policy-ip-1-ping〕rule 2 name Local_Any

〔AHBVC_IA_FW01-security-policy-ip-2-Local_Any〕action pass

〔AHBVC_IA_FW01-security-policy-ip-2-Local_Any〕source-zone local

〔AHBVC_IA_FW01-security-policy-ip-2-Local_Any〕rule 3 name Untrust_to_DMZ

〔AHBVC_IA_FW01-security-policy-ip-3-Untrust_to_DMZ〕action pass

〔AHBVC_IA_FW01-security-policy-ip-3-Untrust_to_DMZ〕source-zone Untrust

〔AHBVC_IA_FW01-security-policy-ip-3-Untrust_to_DMZ〕destination-zone DMZ

〔AHBVC_IA_FW01-security-policy-ip-3-Untrust_to_DMZ〕destination-ip 192.168.101.10

　　［AHBVC_IA_FW01-security-policy-ip-3-Untrust_to_DMZ］destination-ip 192.168.101.30

　　［AHBVC_IA_FW01-security-policy-ip-3-Untrust_to_DMZ］service ftp

　　［AHBVC_IA_FW01-security-policy-ip-3-Untrust_to_DMZ］service 8080

　　［AHBVC_IA_FW01-security-policy-ip-3-Untrust_to_DMZ］rule 4 name Trust_to_Untrust

　　［AHBVC_IA_FW01-security-policy-ip-4-Trust_to_Untrust］action pass

　　［AHBVC_IA_FW01-security-policy-ip-4-Trust_to_Untrust］source-zone trust

　　［AHBVC_IA_FW01-security-policy-ip-4-Trust_to_Untrust］destination-zone untrust［AHBVC_IA_FW01-security-policy-ip-4-Trust_to_Untrust］#

　　*注意:安全策略部分针对互联网访问内部服务器策略的目标地址应配置为目标 NAT 转换后的真实 IP,因为防火墙处理机制是 NAT 功能优先于安全策略功能。

　　(6) NAT 策略配置。

　　［AHBVC_IA_FW01］acl advanced 3001　　*//创建高级 ACL3001*

　　［AHBVC_IA_FW01-acl-ipv4-adv-3001］description Trust_to_Untrust-NAT

　　［AHBVC_IA_FW01-acl-ipv4-adv-3001］rule permit ip source 192.168.0.0 0.0.255.255　　*//配置允许源地址为内网业务地址段控制规则*

　　［AHBVC_IA_FW01-acl-ipv4-adv-3001］quit

　　［AHBVC_IA_FW01］interface GigabitEthernet1/0/2

　　［AHBVC_IA_FW01-GigabitEthernet1/0/2］nat outbound 3001　　*//调用 ACL 3001 基于出接口 IP 执行源 NAT 转换*

　　［AHBVC_IA_FW01-GigabitEthernet1/0/2］nat server protocol tcp global 202.96.137.6 21 inside 192.168.101.10 21　　*//创建目标 NAT 服务,实现互联网访问 202.96.137.6 21 端口,转发至内网 192.168.101.10 21 端口*

　　［AHBVC_IA_FW01-GigabitEthernet1/0/2］nat server protocol tcp global 202.96.137.6 80 inside 192.168.101.30 8080

　　(7) 包过滤访问控制。

　　① 配置宿舍楼不允许访问办公楼:

　　［AHBVC_HJ_DS01］acl advanced 3001

　　［AHBVC_HJ_DS01-acl-ipv4-adv-3001］description SSL_to_BGL_Deny

〔AHBVC_HJ_DS01-acl-ipv4-adv-3001〕rule 0 deny ip destination 192. 168.
11. 0 0. 0. 0. 255

〔AHBVC_HJ_DS01-acl-ipv4-adv-3001〕rule 5 permit ip

〔AHBVC_HJ_DS01〕interface Vlan-interface1015

〔AHBVC_HJ_DS01-Vlan-interface1015〕packet-filter 3001 inbound   *//接口
包过滤功能调用 ACL 3001*

＊HJ_DS02 上配置同理,此处不再赘述。

② 配置食堂只允许与宿舍楼互访:

〔AHBVC_HJ_DS01〕acl advanced 3002

〔AHBVC_HJ_DS01-acl-ipv4-adv-3002〕description ST_to_SSL_Permit

〔AHBVC_HJ_DS01-acl-ipv4-adv-3002〕rule 0 permit ip destination 192. 168.
15. 0 0. 0. 0. 255

〔AHBVC_HJ_DS01-acl-ipv4-adv-3002〕rule 1 permit 112   *//配置允许规则
放行 VRRP 心跳报文*

〔AHBVC_HJ_DS01-acl-ipv4-adv-3002〕rule 5 deny ip

〔AHBVC_HJ_DS01〕interface Vlan-interface1014

〔AHBVC_HJ_DS01-Vlan-interface1014〕packet-filter 3002 inbound

＊HJ_DS02 上配置同理,此处不再赘述。

(8) OSPF 接口网络类型修改。

因 OSPF 在以太网接口默认为广播网络类型下会选举 DR、BDR 角色,导致邻居关系建立较慢,而点到点以太网环境中无需选举 DR、BDR 角色,所以实际场景中普遍手工修改接口网络类型为 P2P(点到点)网络类型,加快 OSPF 邻居故障恢复后的收敛时间。

如果手工修改接口 OSPF 网络类型,应确保两端网络类型一致,否则可能导致邻居关系建立失败。

OSPF 协议的优化机制还有很多,如修改 Hello 报文交互时间,指定 DR、BDR 角色位置,NSR 功能等,此处仅以修改网络类型进行举例。

〔AHBVC_HJ_DS01〕interface FortyGigE1/0/53

〔AHBVC_HJ_DS01-FortyGigE1/0/53〕ospf network-type p2p

＊接口 OSPF 网络类型修改动作 HJ_DS01、HJ_DS02、HXCS01、IA_FW01 均需要配置,此处以 HJ_DS01 为例,其他设备关于此配置不再赘述。

6.3.4　无线配置

（1）AC 开启 AP 自动注册功能。

[AHBVC_AC01]wlan auto-ap enable　*//开启 AP 自动注册功能*

① 确认 AP 是否获取 IP。

AP 设备一旦注册成功，控制权便交由 AC，此时 Console 命令行终端界面将无法进入，此为正常现象。如需进入可以重启 AP，并在注册上线前提前进入 AP 命令行视图中。

〈AP-1〉display　ip int brief

＊down：administratively down

(s)：spoofing　(l)：loopback

Interface	Physical	Protocol	IP Address	Description
Vlan1	up	up	192.168.204.1	—

② AC 确认 AP 是否注册成功。

[AHBVC_AC01] dis wlan ap all　*//查看所有 AP 状态*

Total number of APs：3

Total number of connected APs：3

Total number of connected manual APs：3

Total number of connected auto APs：0

Total number of connected common APs：3

Total number of connected WTUs：0

Total number of inside APs：0

Maximum supported APs：60000

Remaining APs：59997

Total AP licenses：60000

Local AP licenses：60000

Server AP licenses：0

Remaining local AP licenses：59997

Sync AP licenses：0

AP information

State：I ＝ Idle, J＝ Join, JA ＝ JoinAck, IL ＝ ImageLoad

C ＝ Config, DC ＝ DataCheck, R ＝ Run, M ＝ Master, B ＝ Backup

AP name	APID	State	Model	Serial ID
E6-DD-5C-16-00	2	R/M	WA6320-HCL	H3C_96-E6-DD-5C-16-00
E7-08-6C-17-00	1	R/M	WA6320-HCL	H3C_96-E7-08-6C-17-00
E7-66-A4-18-00	3	R/M	WA6320-HCL	H3C_96-E7-66-A4-18-00

（2）AC 配置。

① 固化自动识别的 AP。

［AHBVC_AC01］wlan auto-persistent enable　//固化自动注册的 AP

［AHBVC_AC01］wlan rename-ap E6-DD-5C-16-00 AP1　//重命名自动注册的 AP 方便运维

［AHBVC_AC01］wlan rename-ap E7-08-6C-17-00 AP2

［AHBVC_AC01］wlan rename-ap E7-66-A4-18-00 AP3

② 配置 AP 组。

［AHBVC_AC01］wlan ap-group ahbvc　//创建 AP 组 ahbvc

［AHBVC_AC01-wlan-ap-group-ahbvc］ap AP-1　//添加 AP 成员设备

［AHBVC_AC01-wlan-ap-group-ahbvc］ap AP-2

［AHBVC_AC01-wlan-ap-group-ahbvc］ap AP-3

③ 创建服务模板。

［AHBVC_AC01］wlan service-template 1　//创建服务模板 1

［AHBVC_AC01-wlan-st-1］ssid ahbvc　//指定无线热点名称为 ahbvc

［AHBVC_AC01-wlan-st-1］client forwarding-location ap vlan 1048　//指定转发模式为 AP 本地转发

［AHBVC_AC01-wlan-st-1］service-template enable　//激活服务模板功能

④ 配置本地转发。

［AHBVC_AC01］wlan ap-group ahbvc

［AHBVC _ AC01-wlan-ap-group-ahbvc］ap-model WA6320-HCL　//进入 AP 型号视图

［AHBVC_AC01-wlan-ap-group-ahbvc-ap-model-WA6320-HCL］map-configuration flash：/apcfg. txt　//指定 AP 配置文件用于实现 AP 本地转发功能

⑤ AP 配置文件参考内容如下：

〈AHBVC_AC01〉more apcfg. txt

system-view

vlan 1048

quit

interface Gigabi tEthernet 0/0/0

port link-type trunk

port trunk permit vlan 1048

〈AHBVC AC01〉

可通过记事本编辑好内容后，再通过 FTP 功能上传至 AC 设备，实际环境下注意接口类型及编号是否与 AP 设备相匹配。

（3）绑定服务模板。

［AHBVC_AC01］wlan ap-group ahbvc

［AHBVC_AC01-wlan-ap-group-ahbvc］ap-model WA6320-HCL

［AHBVC_AC01-wlan-ap-group-ahbvc-ap-model-WA6320-HCL］radio 1　//进入射频接口

［AHBVC ＿ AC01-wlan-ap-group-ahbvc-ap-model-WA6320-HCL-radio-1］service-template1 vlan 1048　//绑定服务模板并指定 WLAN 客户端所属业务 VLAN 为 1048

［AHBVC＿AC01-wlan-ap-group-ahbvc-ap-model-WA6320-HCL-radio-1］radio enable　//激活射频接口发射无线信号

本文实验场景受限于当前模拟器功能，所以并未配置无线相关的认证功能，实际场景中通常会配合 AAA（认证、授权、计费）平台实现严格的访问控制。

6.3.5　运维管理配置

模拟环境因不涉及网管平台，此处仅以 HX_CS01 为例进行配置以供参考。

（1）SNMP 配置。

［AHBVC_HX_CS01］acl basic 2000

［AHBVC_HX_CS01-acl-ipv4-basic-2000］description Permit_Manage

［AHBVC_HX_CS01-acl-ipv4-basic-2000］rule 0 permit source 192. 168. 202.

0 0.0.0.255

[AHBVC_HX_CS01] snmp-agent

[AHBVC_HX_CS01] snmp-agent sys-info version v2c

[AHBVC_HX_CS01] snmp-agent community read ahbvc-pub acl 2000

[AHBVC_HX_CS01] snmp-agent community write ahbvc-pri acl 2000

（2）SSH 配置。

[AHBVC_HX_CS01] ssh server　enable

[AHBVC_HX_CS01] local-user ahbvc

New local user added

[AHBVC_HX_CS01-luser-manage-ahbvc] password simple Admin@12＃$

[AHBVC_HX_CS01-luser-manage-ahbvc] service-type ssh

[AHBVC_HX_CS01-luser-manage-ahbvc] authorization-attribute user-role network-admin

[AHBVC_HX_CS01]line vty　0 63

[AHBVC_HX_CS01-line-vty0-63] authentication-mode scheme

[AHBVC_HX_CS01]ssh server acl 2000

6.3.6　服务器配置

注意：本次实验环境 FTP 与 DNS 服务器采用 Server2 类型模拟，Web 采用 Server 类型模拟。如图 6.2 所示。

图 6.2　仿真设备选择

（1）FTP Server 配置过程。

登录服务器配置界面,右击设备"配置"选项自动通过浏览器打开登录界面,如图 6.3 所示。

图 6.3　右击设备"配置"选项

由于模拟器尚未优化完善,若添加多台 Server2 类型设备,应通过以下命令修改其他 Server2 设备配置页面地址。此时,右键"配置"功能无法指向新地址,需手工修改浏览器链接中的 IP:

uci set network. lan. ipaddr＝192. 168. 56. xxx

uci commit

reboot

输入默认用户名"root",密码"123456",单击登录。如图 6.4 所示。

图 6.4　登录界面

编辑业务网卡网络信息,参照前述接口规划部分进行配置。如图 6.5 所示。

图 6.5　服务器状态信息

　　配置该接口为默认网关接口。注意,应取消其他接口的默认网关功能,防止多个网关生效后导致服务器返回客户端数据时转发至其他网关出口。可通过配置界面路由视图确认或 Server 模拟器命令行界面执行 route - n 命令,核实当前是否仅业务接口网关处于生效状态。如图 6.6、图 6.7 所示。

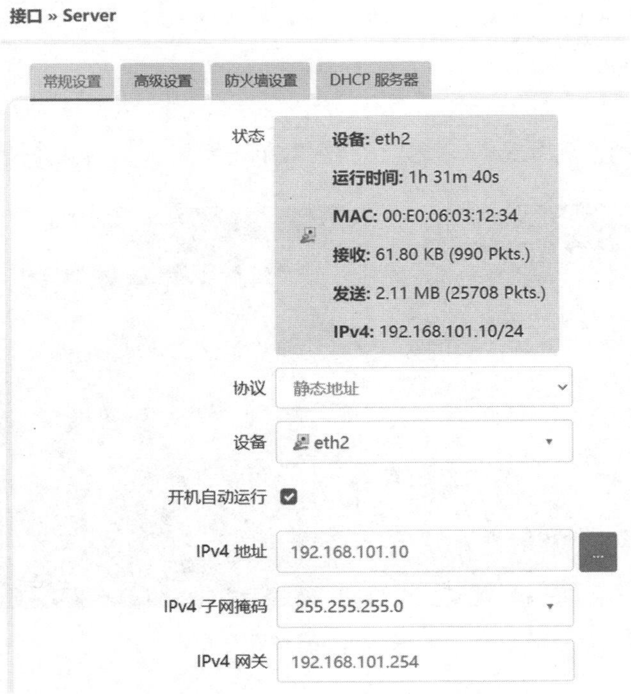

接口 » Server

| 常规设置 | 高级设置 | 防火墙设置 | DHCP 服务器 |

状态　　　设备: eth2
　　　　　运行时间: 1h 31m 40s
　　　　　MAC: 00:E0:06:03:12:34
　　　　　接收: 61.80 KB (990 Pkts.)
　　　　　发送: 2.11 MB (25708 Pkts.)
　　　　　IPv4: 192.168.101.10/24

协议　　　静态地址

设备　　　eth2

开机自动运行 ✓

IPv4 地址　192.168.101.10

IPv4 子网掩码　255.255.255.0

IPv4 网关　192.168.101.254

图 6.6　配置 FTP Server 地址信息

接口 » Server

图 6.7　默认网关设置

rootHCL-Server：/♯ route - n

Kernel IP routing table

Destination	Gateway	Genmask	Flags	Metric	Ref	Use	Iface
0. 0. 0. 0	192. 168. 101. 254	0. 0. 0. 0	UG	0	0	0	eth2
10. 0. 3. 0	0. 0. 0. 0	255. 255. 255. 0	U	0	0	0	eth1
192. 168. 56. 0	0. 0. 0. 0	255. 255. 255. 0	U	0	0	0	br-lan
192. 168. 101. 0	0. 0. 0. 0	255. 255. 255. 0	U	0	0	0	eth2

root@HCL- Server：/♯

指定接口所属安全区域。如图 6.8 所示。

接口 » Server

图 6.8　指定接口所属安全区域

重启编辑后的网卡再保存并应用，如图 6.9 所示。

配置安全参数。

添加防火墙通信规则，如图 6.10 所示。

单击添加按钮，方框中为实验环境创建的转发规则，如图 6.11 所示。

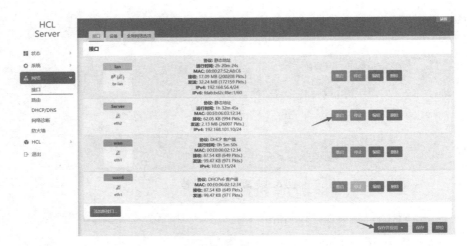

图 6.9　选择保存并应用

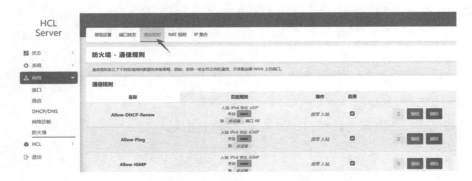

图 6.10　添加防火墙通信规则 1

图 6.11　添加防火墙通信规则 2

规则内容,如图 6.12 所示。

防火墙 - 通信规则 - Any

| 常规设置 | 高级设置 | 时间限制 |

名称　　Any

协议　　任何

源区域　lan lan: Server:

源地址　-- 添加 IP --

目标区域　lan lan: Server:

目标地址　-- 添加 IP --

操作　　接受

图 6.12　添加防火墙通信规则 3

配置完毕保存生效,如图 6.13 所示。

图 6.13　配置完毕保存生效

配置服务参数,开启 Server FTP 服务功能,如图 6.14 所示。

图 6.14　开启 Server FTP 服务功能

（2）DNS Server。

登录服务器配置界面，参见上文，步骤略。

配置网络参数，如图 6.15～图 6.18 所示。

图 6.15　配置 DNS Server 地址信息

图 6.16　默认网关设置

接口 » Server

图 6.17　指定接口安全区域

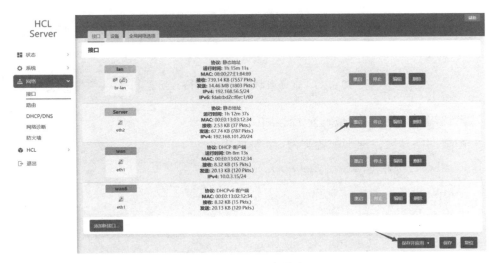

图 6.18　选择保存并应用

配置安全参数,参见上文,步骤略。

配置 DNS 服务参数。

开启 Server DNS 服务功能,添加用于测试的域名映射关系:tsg.ahbvc.cn 对应 192.168.101.30。如图 6.19 所示。

图 6.19　添加域名映射关系

（3）Web Server。

登录服务器命令行界面，如图 6.20 所示。

图 6.20　选择启动命令行终端进行配置

默认用户名为 root，密码为 123456。

配置网络参数。网卡配置文件，参考如下：

localhost：～# cat /etc/ network/ interfaces

auto lo

iface lo inet loopback

auto eth0

iface eth0 inet dhcp

hos tname loca lhost

auto eth0

iface eth0 inet static

　　address 192. 1 68. 56. 3

　　netmask 255. 255. 255. 0

auto eth1

iface eth1 inet static

　　address 192. 1 68. 101. 30

　　netmask 255. 255. 255. 0

　　gateway 192. 168. 101 . 254

localhost：～#

配置完执行 reboot 重启设备。

localhost：～♯ reboot

登录服务器配置界面,如图 6.21 所示。

图 6.21　登录 Web 服务器配置

配置服务参数,开启 Server HTTP 服务功能,设置 HTTP 服务监听端口为 8080,单击"启动"服务,如图 6.22 所示。

图 6.22　配置 Web 服务器监听端口

6.4　仿真配置验证

6.4.1　联通性验证

楼栋间可以互访。办公楼访问其他楼栋:

〈H3C〉ping-C 2 192. 168. 12. 1

Ping 192. 168. 12. 1 (192. 168. 12. 1)：56 data bytes，press CTRL C to break

56 bytes from 192. 168. 12. 1：icmp seg＝0 ttl＝254 time＝2. 450 ms

56 bytes from 192. 168. 12. 1：icmp seg＝1 ttl＝254 time＝2. 068 ms

--- Ping statistics for 192. 168. 12. 1 ---

2 packet(s) transmitted，2 packet(s) received，0. 08 packet loss

round-trip min/ avg/max/std-dev ＝ 2. 068/2. 259/2. 450/0. 191 ms

〈H3C〉&.Nov 30 22：45：10：709 2023 H3C PING/6/PING STATISTICS：
Ping statistics for 192. 168. 12. 1：2 packet (s) transmitted，2 packet(3) received，
0. 0％ packet loss，round-trip min/avg/max/std-dev ＝ 2. 068/2. 259/2. 450/
0. 191 ms .

〈H3C〉ping -c 2 192. 168. 13. 1

Ping 192. 168. 13. 1 (192. 168. 13. 1)：56 data bytes，press CTRI C to break

56 bytes from 192. 168. 13. 1：icmp seq＝0 ttl＝254 time＝2. 147 ms

56 bytes from 192. 168. 13. 1：icmp seq＝1 ttl＝254 time＝2. 548 ms

Ping statistics for 192. 168. 13. 1

2 packet(s) transmitted，2 packet(s)

received，0. 0 号 packet loss

round-trip min/avg/max/std-dev ＝ 2. 147/2. 347/2. 548/0. 201 ms

〈H3C〉&.Nov 30 22：45：13：829 2023 H3C PING/ 6/PING_ STATISTICS：
Ping statistics for 192. 168. 13. 1：2 packet(s) transmitted，2 packet(s) received，
0. 0％ packet loss，round-trip min/avg/max/ std-dev ＝ 2. 147/2. 347/2. 548/
0. 201 ms.

〈H3C〉ping -c 2 192. 168. 14. 1

ping 192. 168. 14. 1 (192. 168. 14. 1)：56 data bytes，press CTRL C to break

Request time out

--- ping statistics for 192. 168. 14. 1 ---

2 packet(3) transmitted，0 packet(s) received，100. 0 号 packet loss

〈H3C〉8Nov 30 22：45：20：084 2023 H3C PING/ 6/PING STAYISTICS：
Ping statistics for 192. 168. 14. 1：2 packet(s) transmitted，0 packet(s) received，
100. 0％ packet loss .

〈H3C〉ping -C 2 192. 168. 15. 1

Ping 192. 168. 15. 1（192. 168. 15. 1）：56 data bytes，press CTRI C to break

Request time out

Request time out

Ping statistics for 192. 168. 15. 1 ---

2 packet（s）transmitted，0 packet(s) received，100. 08 packet loss

〈H3C〉8Nov 30 22：45：36：397 2023 H3C PING/ 6/PING_ STATISTICS：
Ping statistics for 192. 168. 15. 1：2 packet(s) transmitted，0 packet（3）received，
100. 08 packet loss .

教学楼访问其他楼栋：

〈H3C〉8Nov 30 22：47：05：747 2023 H3C SHELL/ 5/ SHELL LOGIN：Console logged in from con0.

〈H3C〉ping -c 2 192. 168. 11. 1

Ping 192. 168. 11. 1（192. 168. 11. 1）：56 data bytes，press CTRL C to break

56 bytes from 192. 168. 11. 1：icmp_ seg＝0 ttl＝254 time＝1. 483

56 bytes from 192. 168. 11. 1：icmp seq＝1 ttl＝254 time＝1. 853 ms

--- Ping statistics for 192. 168. 11. 1

2 packet（s）transmitted，2 packet(s) received，0. 08 packet loss

round-trip min/ avg/max/std-dev ＝ 1. 483/1. 668/1. 853/0. 185 m

〈H3C〉8Nov 30 22：47：13：616 2023 H3C PING/6/PING STATISTICS：Ping statistics for 192. 168. 11. 1：2 packet(s) tran smitted，2 packet(s) received，0. 08 packet loss，round-trip min/avg/max/std-dev＝1. 483/1. 668/1. 853/0. 185 ms .

ping-c 2 192. 168. 13. 1

Ping 192. 168. 13. 1（192. 168. 13. 1）：56 data bytes，press CTRL C to break

56 bytes from 192. 168. 13. 1：icmp seq＝0 ttl＝254 time＝2. 448 ms

56 bytes from 192. 168. 13. 1：icmp seq＝1 ttl＝254 time＝1. 889 ms

--- Ping statistics for 192. 168. 13. 1 ---

2 packet(s) transmitted，2 packet(s) received，0. 09 packet loss

round-trip min/avg/max/std-dev ＝ 1. 889/2. 168/2. 448/0. 280 ms

〈H3C〉&Nov 30 22：47：16：357 2023 H3C PING/6/PING STATISTICS：

Ping statistics for 192. 168. 13. 1：2 packet(s) transmitted，2 packet(s) received，0. 0 号 packet los3，round-trip min/ avg/max/ std-dev＝1. 889/2. 168/2. 448/0. 280 ms.〈H3C〉ping -c 2 192. 168. 14. 1

Ping 192. 168. 14. 1（192. 168. 14. 1）：56 data bytes，press CTRL C to break

Request time out

Request time out

ping statistics for 192. 168. 14. 1

2 packet(s) transmitted，0 packet(s) received，100. 0% packet loss

〈H3C〉8Nov 30 22：47：23：414 2023 H3C PING/6/PING STATISTICS：Ping statistics for 192. 168. 14. 1：2 packet(s) tran smitted，0 packet(s) received，100. 0% packet loss.

〈H3C〉ping -c 2 192. 168. 15. 1

Ping 192. 168. 15. 1（192. 168. 15. 1）：56 data bytes，press CTRL c to break

56 bytes from 192. 168. 15. 1：icmp seg＝0 ttl＝254 time＝2. 301 ms

56 bytes from 192. 168. 15. 1：icmp seq＝1 ttl＝254 time＝2. 150 ms

--- Ping statistics for 192. 168. 15. 1

2 packet(s) transmitted，2 packet(s) received，0. 0% packet loss

round-trip min/ avg/max/std-dev＝2. 150/2. 226/2. 301/0. 075 ms

〈H3C〉&Nov 30 22：47：29：126 2023 H3C PING/ 6/PING STATISTICS：Ping statistics for 192. 168. 15. 1：2 packet(s) tran smitted，2 packet(s) received，0. 0% packet loss，round-trip min/avg/max/std-dev ＝ 2. 150/2. 226/2. 301/ 0. 075 ms.

图书馆访问其他楼栋：

〈H3C〉&Nov 30 22：48：13：814 2023 H3C SHELL/ 5/ SHELL LOGIN：Console logged in from con0 .

〈H3C〉ping-c 2 192. 168. 11. 1

Ping 192. 168. 11. 1（192. 168. 11. 1）：56 data bytes，press CTRL c to break

56 bytes from 192. 168. 11. 1：icmp seq＝0 ttl＝254 time＝2. 004 ms

56 bytes from

192. 168. 11. 1：icmp seg＝1 ttl＝254 time＝1. 974 ms

--- Ping statistics for 192. 168. 11. 1 ---2 packet(3) transmitted，2 packet(s) received，0.08 packet loss

round-trip min/avg/max/std-dev ＝ 1.974/1.989/2.004/0.015 ms

〈H3C〉8Nov 30 22：48：21：143 2023 H3C PING/ 6/PING_ STATISTICS：
Ping statistics for 192.168.11.1：2 packet(3) transmitted，2 packet(s) received，
0.0％ packet loss，round-trip min/avg/max/std-dev ＝ 1.974/ 1.989/2.004/0.
015 ms．

〈H3C〉ping-c 2 192.168.12.1

Ping 192.168.12.1 (192.168.12.1) ：56 data bytes，press CTRL c to break

56 bytes from 192.168.12.1：icmp_ seq＝0 ttl＝254 time＝1.616 ms

56 bytes from 192.168.12.1：icmp seg＝1 ttl＝254 time＝1.370 ms

— Ping statistics for 192.168.12.1

2 packet(s) transmitted，2 packet(s) received，0.08 packet loss

round-trip min/avg/max/std-dev ＝ 1.370/1.493/1.616/0.123 ms

〈H3C〉&Nov 30 22：48：25：196 2023 H3C PING/ 6/ PING STATISTICS：
Ping statistics for 192.168.12.1：2 packet(s) transmitted，2 packet(s) received，
0.08 packet los3，round-trip min/ avg/max/std-dev ＝ 1.370/1.493/1.616/
0.123 ms．〈H3C〉ping -c 2 192.168.14.1

Ping 192.168.14.1 (192.168.14.1)：56 data bytes，press CTRL C to break

Request time out

Reguest time out

--- Ping statistics for 192.168.14.1

packet(s) transmitted，0 packet(s) received，100.0％ packet loss

〈H3C〉&Nov 30 22：48：32：035 2023 H3C PING/6/PING STATISTICS：
Ping statistics for 192.168.14.1：2 packet(s) transmitted，0 packet(s) received，
100.0％ packet loss.

〈H3C〉ping -c 2 192.168.15.1

Ping 192.168.15.1 (192.168.15.1) ：56 data bytes，press CTRL C
to break

56 bytes from 192.168.15.1：icmp_ seq＝0 ttl＝254 time＝2.097 ms

56 bytes from 192.168.15.1：icmp_ seq＝1 ttl＝254 time＝1.751 ms

--- Ping statistics for 192.168.15.1 ---

2 packet(s) transmitted，2 packet(s) received，0.0％ packet loss

round-trip min/avg/max/ std-dev ＝ 1. 751/1. 924/2. 097/0. 173 ms

〈H3C〉8Nov 30 22:48:34:627 2023 H3C PING/6/PING STATISTICS：Ping statistics for 192. 168. 15. 1：2 packet（s）transmitted，2 packet（s）received，0. 0% packet 10ss，round-trip min/avg/max/std-dev ＝ 1. 751/1. 924/2. 097/0. 173 ms.

食堂访问其他楼栋：

〈H3C〉

kH3C＞ping-c 2 192. 168. 11. 1

Ping 192. 168. 11. 1（192. 168. 11. 1）：56 data bytes，press CTRL C to break

Request time out

Request time out

— Ping statistics for 192. 168. 11. 1 —

2 packet(3) transmitted，0 packet(s) received，100. 0% packet loss

〈H3C〉&NoV 30 22:58:10:781 2023 H3C PING/6/PING STATISTICS：Ping statistics for 192. 168. 11. 1：2 packet（s）transmitted，0 packet(s) received，100. 0% packet loss.

〈H3C〉ping-c 2 192. 168. 12. 1

Ping 192. 168. 12. 1（192. 168. 12. 1）：56 data bytes，press CTRL c to break

Request time out

Request time out

— Ping statistics for 192. 168. 12. 1 —

2 packet(3) transmitted，0 packet(3) received，100. 0% packet loss

KH3C＞8NoV 30 22:58:19:578 2023 H3C PING/6/PING STATISTICS：Ping statistics for 192. 168. 12. 1：2 packet（s）transmitted，0 packet(s) received，100. 08 packet loss.

〈H3C〉ping-c 2 192. 168. 13. 1

Ping 192. 168. 13. 1（192. 168. 13. 1）：56 data bytes，press CTRL C to break

Request time out

Request

tin

out

---Ping statistics for 192. 168. 13. 1---

2 packet(s) transmitted, 0 packet(s) received, 100. 08 packet loss

KH3C>8Nov 30 22:58:28:857 2023 H3C PING/6/PING STATISTICS:
Ping statistics for 192. 168. 13. 1: 2 packet(s) transmitted, 0 packet(s) received,
100. 0% packet loss.

〈H3C〉ping-C 2 192. 168. 15. 1

Ping 192. 168. 15. 1（192. 168. 15. 1）: 56 data bytes, press CTRL C
to break

56 bytes from 192. 168. 15. 1: icmp seq=0 ttl=254 time=2. 411 ms

56 bytes from 192. 168. 15. 1: icmp segF1 ttl=254 time=1. 857 ms

---Ping statistics for 192. 168. 15. 1---

2 packet(s) transmitted, 2 packet(s) received, 0. 0% packet loss

round-trip min/avg/max/std-dev = 1. 857/2. 134/2. 411/0. 277 ms

〈H3C〉&Nov 30 22:58:32:512 2023 H3C PING/6/PING_ STATISTICS:
Ping statistics for 192. 168. 15. 1: 2 packet(s) transmitted, 2 packet(s) received,
0. 0% packet loss, round-trip min/avg/max/ std-dev = 1. 857/2. 134/2. 411/
0. 277 ms .

宿舍访问其他楼栋：

〈H3C〉

〈H3C〉ping-c 2 192. 168. 11. 1

Ping 192. 168. 11. 1（192. 168. 11. 1）: 56 data bytes, press CTRL C
to break

Request time out

Request time out

--- Ping statistics for 192. 168. 11. 1 ---

2 packet(3) transmitted, 0 packet (3)

received, 100. 0% packet loss

〈H3C〉8Nov 30 22:59:29:203 2023 H3C PING/6/PING STATISTICS: Ping
statistics for 192. 168. 11. 1: 2 packet(3) transmitted, 0 packet(3) received, 100.
08 packet loss.

〈H3C〉ping-c 2 192. 168. 12. 1

Ping 192. 168. 12. 1（192. 168. 12. 1）: 56 data bytes, press CTRL C to break

56 bytes from 192. 168. 12. 1：icmp_ seg＝0 ttl＝254 time＝2. 263 ms

56 bytes from

192. 168. 12. 1：icmp_ seg＝1 ttl＝254 time＝1. 627 ms

---Ping statistics for 192. 168. 12. 1 ---

2 packet(s) transmitted，2 packet(s) received，0. 08 packet loss

round-trip min/ avg/max/std-dev ＝ 1. 627/1. 945/2. 263/0. 318 ms

〈H3C〉&.Nov 30 22：59：32：137 2023 H3C PING/6/PING STATISTICS：
Ping statistics for 192. 168. 12. 1：2 packet(s) tran smitted，2 packet(s) received，
0. 0％ packet los3，round-trip min/ avg/max/ std-dev＝1. 627/ 1. 945/2. 263/
0. 318 ms .

〈H3C〉ping -c 2 192. 168. 13. 1

Ping 192. 168. 13. 1 (192. 168. 13. 1)：56 data bytes，press CTRL C to break

56 bytes from 192. 168. 13. 1：icmp_ seq＝0 ttl＝254 time＝2. 878 m

56 bytes from 192. 168. 13. 1：icmp seg＝1 ttl＝254 time＝1. 652 ms

--- Ping statistics for 192. 168. 13. 1---

2 packet (s) transmitted，2 packet(s) received，0. 08 packet loss

round-trip min/avg/max/std-dev ＝ 1. 652/2. 265/2. 878/0. 613 ms

〈H3C〉&.Nov 30 22：59：34：524 2023 H3C PING/6/PING STATISTICS：
Ping statistics for 192. 168. 13. 1：2 packet(s) transmitted，2 packet(3) received，
0. 08 packet loss，round-trip min/ avg/max/std-dev ＝ 1. 652/2. 265/2. 878/
0. 613 ms

〈H3C〉ping-c 2 192. 168. 14. 1

Ping 192. 168. 14. 1 (192. 168. 14. 1)： 56 data bytes，press CTRL C
to break

56 bytes from 192. 168. 14. 1：icmp_ seg＝0 ttl＝254 time＝3. 020 ms

56 bytes from

192. 168. 14. 1：icmp I

seg＝1 ttl＝254 time＝1. 987 ms

Ping statistics for 192. 168. 14. 1

2 packet(3) transmitted，2 packet(s) received，0. 08 packet loss

round-trip min/avg/max/std-dev ＝ 1. 987/2. 503/3. 020/0. 517 ms〈H3C〉
&.Nov 30 22：59：37：023 2023 H3C PING/ 6/PING STATISTICS：Ping statistics

for 192. 168. 14. 1：2 packet(3) transmitted，2 packet(s) received，0. 0% packet loss，round-trip min/avg/max/std-dev＝1. 987/2. 503/3. 020/0. 517 ms.

无线客户端访问 Web 服务器,如图 6.23 所示。

图 6.23　无线客户端访问 Web 服务器验证

内部访问互联网:

公网 IP 设备采用桥接宿主机网卡的方式进行测试,网卡配置如图 6.24 所示。

以 vlan 1011 客户端测试为例:

〈H3C〉ping 100. 100. 100. 10

Ping 100. 100. 100. 10（100. 100. 100. 10）：56 data bytes，press CTRL C to break

　56 bytes from 100. 100. 100. 10：icmp seq＝0 ttl＝124 time＝3. 594 ms

　56 bytes from 100. 100. 100. 10：icmp seq＝1 ttl＝124 time＝2. 618 ms

　56 bytes from 100. 100. 100. 10：icmp seq＝2 ttl＝124 time＝2. 688 ms

　56 bytes from 100. 100. 100. 10：icmp seq＝3 ttl＝124 time＝2. 052 ms

　56 bytes from 100. 100. 100. 10：icmp seq＝4 ttl＝124 time＝2. 440 ms

　---Ping statistics for 100. 100. 100. 10 ---

5 packet (s) transmitted，5 packet (s) received，0. 08 packet loss

round-trip min/ avg/max/std-dev = 2.052/2.678/3.594/0.508 ms

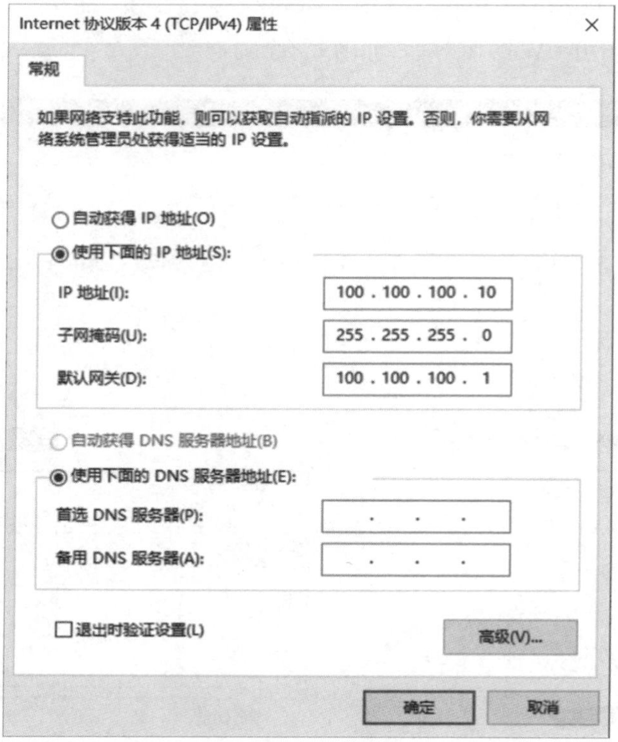

图 6.24　桥接宿主机网卡配置

查看 IA_FW01 上 NAT 会话信息：

〈AHBVC IA FW01〉di splay nat session source-ip 192.168.11.1

slot 1：

Initiator：

source Ip/port：192.168.11.1/ 168

Destination Ip/port：100.100.100. 10/ 2048

DS-Lite tunnel peer ：-

VPN instance/VLAN ID/ Inl ine ID：- /-/-

Protocol：ICMP（1）

Inbound interface：GigabitEthernet1/0/0

source security zone：Trust

Tota 1 sessions found：1 互联网访问内部服务器，如图 6.25 所示。

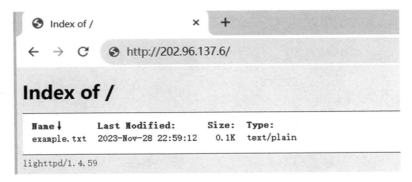

图 6.25　宿主机访问 WEB 服务器

宿主机通过 WinSCP 登录 FTP 服务器并执行上传文件动作,默认用户名为 root,密码为 123456,如图 6.26 所示。

图 6.26　FTP 服务器验证

通过 FTP Server 命令行终端界面确认上传的文件:

root @HCL-Server:/# is / root/ ftp

ConfigDisk_backup. zip

root@HCL-Server:/#

DNS 功能:

由于 HCL 提供的 PC 功能有限,DNS 功能此处以 IA_FW01 作为客户端进行功能验证。

〈AHBVC IA FW01〉display dns server

Type:

D: Dynamic   S: Static

No. Type   IP address
1   S   192.168.101.20
〈AHBVC IA FW01〉
〈AHBVC IA FW01〉ping tsg. ahbvc. cn

Ping tsg. ahbvc. cn (192.168.101.30): 56 data bytes,press CTRL+C to break

56 bytes from 192.168.101.30: icmp seq=0 ttl=64 time=1.000 ms

56 bytes from 192.168.101.30: icmp seq=1 ttl=64 time=0.000 ms

6.4.2　协议状态验证

MSTP:

〈AHBVC HJ DS01〉display stp brief

MST ID	Port	Role	STP State	Protection
0	Bridge Aggregation1000	DESI	FORWARDING	NONE
0	GigabitEthernet1/0/46	DESI	FORWARDING	NONE
0	GigabitEthernet1/0/47	DESI	FORWARDING	NONE
0	GigabitEthernet1/0/48	DESI	FORWARDING	NONE
1	Bridge-Aggregation1000	DESI	FORWARDING	NONE
1	GigabitEthernet1/0/46	DESI	FORWARDING	NONE
2	Bridge-Aggregation1000	DESI	FORWARDING	NONE
2	GigabitEthernet1/0/47	DESI	FORWARDING	NONE
3	Bridge-Aggregation1000	ALTE	DISCARDING	NONE
3	GigabitEthernet1/0/48	ROOT	FORWARDING	NONE
4	Bridge-Aggregation1000	ALTE	DISCARDING	NONE
4	GigabitEthernet1/0/46	ROOT	FORWARDING	NONE
4	GigabitEthernet1/0/47	ALTE	DISCARDING	NONE
4	GigabitEthernet1/0/48	ALTE	DISCARDING	NONE

〈AHBVC_HJ_DS01〉

［AHBVC_HJ_DS02］display　stp brief

MST ID	Port	Role	STP State	Protection
0	Bridge-Aggregation1000	ALTE	DISCARDING	NONE
0	GigabitEthernet1/0/46	ROOT	FORWARDING	NONE
0	GigabitEthernet1/0/47	ALTE	DISCARDING	NONE
0	GigabitEthernet1/0/48	ALTE	DISCARDING	NONE
1	Bridge-Aggregation1000	ALTE	DISCARDING	NONE
1	GigabitEthernet1/0/46	ROOT	FORWARDING	NONE
2	BridgeAggregation1000	ALTE	DISCARDING	NONE
2	GigabitEthernet1/0/47	ROOT	FORWARDING	NONE
3	Bridge-Aggregation1000	DESI	FORWARDING	NONE
3	GigabitEthernet1/0/48	DESI	FORWARDING	NONE
4	BridgeAggregation1000	DESI	FORWARDING	NONE
4	GigabitEthernet1/0/46	DESI	FORWARDING	NONE
4	GigabitEthernet1/0/47	DESI	FORWARDING	NONE
4	GigabitEthernet1/0/48	DESI	FORWARDING	NONE

VRRP：

〈AHBVC_HJ_DS01〉display Vrrp

IPv4 Virtual Router Information：

Running mode：Standard

Total number of virtual routers：8

Interface	VRID	State	Running Pri	Adver Timer	Auth Type	Virtual IP
Vlan1011	11	Master	120	100	Not supported	192.168.11.254
Vlan1012	12	Master	120	100	Not supported	192.168.12.254
Vlan1013	13	Master	120	100	Not supported	192.168.13.254
Vlan1014	14	Backup	100	100	Not supported	192.168.14.254
Vlan1015	15	Backup	100	100	Not supported	192.168.15.254
Vlan1048	48	Backup	100	100	Not supported	192.168.48.254
Vlan1201	201	Backup	100	100	Not supported	192.168.201.254

| Vlan1204 | 204 Backup | 100 | 100 | Not supported | 192. 168. 204. 254 |

〈AHBVC_ HJ_DS01〉1

[AHBVC_ HJ_ DSO2] dis vrrp

IPV4 Virtual Router Information:

Running mode : Standard

Total number of virtual routers : 8

Interface	VRID	State	Running Pri	Adver Timer	Auth Type	Virtual IP
Vlan1011	11	Backup	100	100	Not supported	192. 168. 11. 254
Vlan1012	12	Backup	100	100	Not supported	192. 168. 12. 254
Vlan1013	13	Backup	100	100	Not supported	192. 168. 13. 254
Vlan1014	14	Master	120	100	Not supported	192. 168. 14. 254
Vlan1015	15	Master	120	100	Not supported	192. 168. 15. 254
Vlan1048	48	Master	120	100	Not supported	192. 168. 48. 254
Vlan1201	201	Master	120	100	Not supported	192. 168. 201. 254
Vlan1204	204	Master	120	100	Not supported	192. 168. 204. 254

OSPF:

〈AHBVC_HX_CS01〉display ospf peer

    OSPF Process 1 with Router ID 192. 168. 201. 11

     Neighbor Brief Inf ormation

Area: 0. 0. 0. 0

Router ID	Address	Pri	Dead-Time	State	Interface
192. 168. 201. 12	172. 20. 1. 10	1	40	Full/-	GE1/0/48
192. 168. 201. 252	172. 20. 1. 1	1	39	Full/-	FGE1/0/53
192. 168. 201. 253	172. 20. 1. 5	1	36	Full/	FGE1/0/54

DHCP:

〈AHBVC_DHCP_Server〉display dhcp server ip-in-use

| IP address | Client identi fier/ | Lease expi ration | Type |

	Hardware address				
192. 1 68. 12. 1	0039-3632-372e- 6339-3762-2e30- 6630-362d-4745-302f-302f-31	Dec	1	21:56:55 2023	Auto (C)
192. 1 68. 13. 1	0039-3632-372e-6365-6533-2e31- 3030-362d-4745-302f-302f-31	Dec	1	21：57：18 2023	Auto (C)
192. 168. 14. 1	0039-3632-372e-6434-3865-2e31-3130- 362d-4745- 302f- 302f-31	Dec	1	22:53:04 2023	Auto (C)
192. 168. 15. 1	0039-3632-3 72e-6439-6534 2e31- 3230-362d-4745- 302f- 302f- 31	Dec	1	21:57： 41 2023	Auto (C)
192. 168. 48. 1	0100-e01a-0212-35	Dec	1	22:13： 43 2023	Auto (C)
192. 168. 48. 2	0100-e019-0212-35	Dec	1	22： 14:04 2023	Auto (C)
192. 168. 48. 3	0100-e01b-0212-35	Dec	1	22： 15： 40 2023	Auto (C)
192. 168. 204. 1	0196-e 6dd- 5c16-02	Dec	1	16:18:12 2023	Auto (C)
192. 168. 204. 2	0196-e 708-6c17-02	Dec	1	16： 18： 20 2023	Auto (C)
192. 168. 204. 3	0196-e766-a418-02	Dec	1	16： 18：24 2023	Auto (C)

6.4.3　可靠性验证

网关热备份：

以 Vlan 1011 客户端为例,长 Ping 服务器 IP 192.168.101. 20,手动 Shutdown 主网关接口观察 ping 中断情况。

［AHBVC_HJ_DSO1-Vlan- interface1011］shutdown

［AHBVC_ HJ _ DSO1-Vlan-interface1011］8NOv 30 23:08:40:827 2023 AHBVC_HJ_ DS01 VRRP4/6/VRRP_ ST

ATUS_ CHANGE：The status of IPv4 virtual router 11（configured on Vlan- interface1011）chan

ged from Master to Initialize：Interface event received.

&.NOv 30 23：08：40：831 2023 AHBVC_HJ_ DS01 IFNET/3/ PHY_ UP-DOWN：Physical state on the interfa

ce Vlan-interface1011 changed to down

‰Nov 30 23：08：40：831 2023 AHBVC_HJ_DSO1 IFNET/5/ LINK_UP-DOWN：Line protocol state on the

nterface Vlan- inter face1011 changed to down .

网关发生主备切换：

[AHBVC HJ DSO2]dis vrrp

IPV4 Virtual Router Information：

Running mode：Standard

Total number of virtual routers：8

Interface	VRID	State	Running Pri	Adver Timer	Auth Type	Virtual IP
Vlan1011	11	Master	100	100	Not supported	192. 168. 11. 254

测试丢包数为 1：

56 bytes from 192. 168. 101. 20：icmp seq＝111 ttl＝61 time＝2. 561 ms

56 bytes from 192. 168. 101. 20：icmp seq＝112 tt1＝61 time＝2. 935 ms56

bytes from 192. 168. 101. 20：icmp seq＝113 ttl＝61 time＝3. 006 ms

56 bytes from 192. 168. 101. 20：icmp seq＝114 ttl＝61 time＝2. 502 ms

56 bytes from 192. 168. 101. 20：icmp seq＝115 ttl＝61 time＝2 .576 ms

Request time out

56 bytes from 192. 168. 101. 20：icmp seq＝117 tt1＝61 time＝3. 136 ms

56 bytes from 192. 168. 101. 20：icmp seq＝118 tt1＝61 time＝2. 757 ms

56 bytes from 192. 168. 101. 20：icmp seq＝119 ttl＝61 time＝2. 933 ms

56 bytes from 192. 168. 101. 20：icmp seq＝120 tt1＝61 time＝1. 519 ms

56 bytes from 192. 168. 101. 20：icmp seq＝121 ttl＝61 time＝2. 841 ms

上行口故障切换：

以 Vlan 1011 客户端为例,长 Ping 服务器 IP 192. 168. 101. 20,手动 Shutdown

主网关上行接口观察 ping 中断情况：

〔AHBVC_HJ_DS01- FortyGigE1/0/ 53〕shutdown

〔AHBVC_HJ_DS01- FortyGigE1/0/ 53〕％NOV 30 23：12：50：044 2023 AHBVC HJ DS01 TRACK/ 6/ TRACK STAT

E_CHANGE：The state of track entry 1 changed from Positive to Negative

％NOV 30 23：12：50：045 2023 AHBVC_HJ_DSO1 OSPE/ 5/0SPF_NBR_ CHG_REASON：OSPF 1 Area 0. 0. 0. 0 R

outer 192. 168. 201. 252（FGE1/0/53）CPU usage：22 号，IfMTU：1500， Neighbor address：172. 20. 1.

2，NbrID：192. 168. 201. 11 changed from Full to DOWN because the inter- face went down or MTU

changed at 2023-11-30 23：12：50：044.

Last 4 hello packets received at：

2023-11-3023：12：15：830

2023-11-30 23：12：26：934

2023-11-30 23：12：38：038

2023-11-30 23：12：49：144

Last 4 hello packets sent at：

2023-11-30 23：12：12：459

2023-11-30 23：12：22：458

2023-11-30 23：12：32：458

2023-11-30 23：12：42：458

8NOv 30 23：12：50：045 2023 AHBVC_HJ_DS01 OSPF/ 5/0SPF NBR CHG： OSPF 1 Neighbor 172. 20. 1. 2（FortyGigE1/0/53）changed from FULL to DOWN.

％NOv 30 23：12：50：046 2023 AHBVC_HJ_DS01 IFNET/ 3/ PHY UPDOWN： Physical state on the interface FortyGigE1/0/ 53 changed to down.

％NOv 30 23：12：50：046 2023 AHBVC_HJ_DSO1 IFNET/ 5/ LINK UPDOWN： Line protocol state on the i nterface FortyGigE1/0/ 53 changed to down.

网关发生主备切换：

〔AHBVC_ HJ_ DS02〕dis vrrp

IPv4 Vi rtual Router Information：

Running mode：Standard

Total number of virtual routers：8

Interface	VRID	State	Running Pri	Adver Timer	Auth Type	Virtual IP
Vlan1011	11	Master	100	100	Not supported	192. 168. 11. 254
Vlan1012	12	Master	100	100	Not supported	192. 168. 12. 254
Vlan1013	13	Master	100	100	Not supported	192. 168. 13. 254
Vlan1014	14	Master	120	100	Not supported	192. 168. 14. 254
Vlan1015	15	Master	120	100	Not supported	192. 168. 15. 254
Vlan1048	48	Master	120	100	Not supported	192. 168. 48. 254
Vlan1201	201	Master	120	100	Not supported	192. 168. 201. 254
Vlan1204	204	Master	120	100	Not supported	192. 168. 204. 254

测试丢包数为 1：

56 bytes from 192. 168. 101. 20：icmp seq＝5 ttl＝61 time＝2. 381 ms

56 bytes from 192. 168. 101. 20：icmp seg＝6 tt1＝61 time＝2. 882 ms

56 bytes from 192. 168. 101. 20：icmp seq＝7 ttl＝61 time＝2. 428 ms

56 bytes from 192. 168. 101. 20：icmp seq＝8 tt1＝61 time＝3. 050 ms

56 bytes from 192. 168. 101. 20：icmp seq＝9 ttl＝61 time＝2. 673 ms

Request time out

56 bytes from 192. 168. 101. 20：icmp seq＝11 ttl＝61 time＝2. 573 ms

56 bytes from 192. 168. 101. 20：icmp seq＝12 ttl＝61 time＝2. 620 ms

56 bytes from 192. 168. 101. 20：icmp seq＝13 ttl＝61 time＝2. 876 ms

6.4.4　远程运维验证

SSH 远程登录：

此处以运维管理区 DHCP_S 设备作为客户端进行测试，结果如下：

〈AHBVC_DHCP_Server〉ssh 192. 168. 202. 254

Username：ahbvc

Press CTRL＋C to abort .

Connecting to 192. 168. 202. 254 port 22.

The server is not authenticated. Continue? [Y/N] :y

DO you want to save the server public key? [Y/N] in

ahbvc@192. 168. 202. 254 s pas sword：

Enter a character ～ and a dot to abort

＊ ＊

＊ Copyright (c) 2004-2022 New H3C Technologies Co. ,Ltd. A11 rights ＊

＊ reserved. ＊

＊ without the owner's prior written consent, ＊

＊ no decompi 1 ing or reverse-engineering shall be allowed. ＊

＊ ＊

〈AHBVC_HX_cs01〉dis cu

＃

version 7. 1. 070，Alpha 7170

＃

sysname AHBVC HX CS01

＃

irf mac-address persi stent timer

irf auto-update enable

undo irf 1 ink-delay

irf member 1 priority 1

＃

经过验证,全部实现了组网目标,仿真配置成功。

参 考 文 献

［1］ 李艳,陈琳,朱福根. 国内虚拟仿真实训:现状、研究及启示[J/OL]. 现代远距离教育. https://doi. org/10. 13927/j. cnki. yuan. 20231017. 001

［2］ 教育部. 教育信息化 2. 0 行动计划[EB/OL]. [2023-05-26]. http://www. moe. gov. cn/ srcsite/A16/s3342/201804/t20180425_334188. html.

［3］ 国家发展改革委. 中华人民共和国国民经济和社会发展第十四个五年规划和 2035 年远景 目 标 纲 要 ［EB/OL］. ［2023-05-22］. http://www. xinhuanet. com/2021-03/13/c _ 1127205564_17. htm.

［4］ 中共中央办公厅,国务院办公厅. 关于深化现代职业教育体系建设改革的意见[EB/OL]. [2023-05-24]. https://www. gov. cn/zhengce/2022-12/21/content_5732986. htm.

［5］ 孙平平,李龙刚,付艳苹. 智能制造背景下数控加工虚拟仿真实训教学探索[J]. 广西广播 电视大学学报,2022(4):10-16.

［6］ 李广琼,陈荣元,黄少年,等. 新工科背景下面向虚拟仿真实训的计算机网络工程实验教学 探索[J]. 电脑知识与技术,2021(14):109-111,126.

［7］ 胡泊,张丹. 高职无人机测绘虚拟仿真实训教学模式研究与实践[J]. 职业技术,2023(4): 84-90.

［8］ 心全. 路由交换技术实训教学方法研究[J]. 网络安全和信息化,2021(4):73-75.

［9］ 顾佩华,胡文龙,陆小华,等. 从 CDIO 在中国到中国的 CDIO:发展路径、产生的影响及其 原因研究[J]. 高等工程教育研究,2017(1):24-43.

［10］ 姜明洋;范晓静. 基于锐捷网络设备的《交换与路由技术》课程实验教学设计[J]. 内蒙古民 族大学学报(自然科学版),2016,31(1):28-30.

［11］ 师戈. 关于虚拟和仿真计算机网络实验环境若干问题的思考[J]. 赤峰学院学报(自然科学 版),2014(8):36-39.

［12］ 殷玉明. 交换机与路由器配置项目式教程[M]. 北京:电子工业出版社,2013.

［13］ 徐洪学,郭秀英. 仿真软件 PacketTracer 在计算机网络工程课程教学中的应用[J]. 沈阳教 育学院学报,2010,12(1):84-88.

［14］ 未培,庄彦,张磊. 园区三层网络架构与无线网络融合规划设计与实现[J]. 兰州工业学院 学报,2016,23(2):68-71.